Ihr Hobby

Nano-Aquarien

Kai Alexander Quante

bede bei Ulmer

Inhalt

Ich richte ein **Nano-Aquarium** ein

Das Angebot an kleinen Aquarien samt Technik und Zubehör nimmt stetig zu. Diese Nano-Aquarien sind beliebt, weil sie kaum Platz benötigen und sehr dekorativ aussehen.

Nano-Aquaristik ist eigentlich nicht genau definiert. Der Begriff *Nano* ist abgeleitet vom griechischen *nannos* oder dem lateinischen *nanus* und bedeutet „Zwerg", was zumindest andeutet, dass diese Aquarien kleiner sind als andere. Doch alles, was wir in der Aquaristik betreiben, ist im Vergleich zur Natur extrem Nano.

Jedes noch so kleine Rinnsal hat mehr Wasservolumen als unsere größten Aquarien. Im Vergleich zur Natur ist ein Aquarium nur eine Pfütze, die der Mensch jedoch zu einem wunderbaren Ort des Lebens verwandeln kann.

Nahezu alle natürlichen Biotope sind weitaus größer als das, was wir an Aquarien zu Hause haben. Auch ein 3000-l-Aquarium für Malawisee-Buntbarsche bietet den Fischen nur einen winzigen Bruchteil des Lebensraums, der ihnen im Malawisee zur Verfügung steht.

Da die kleinen Aquarien kaum Platz benötigen, kann man sie bereits auf dem Schreibtisch aufstellen. Man findet auch in jedem Haushalt ein passendes Plätzchen.

TIPP

Eine Abdeckung des Aquariums verhindert, dass zu viel Wasser verdunstet und die Bewohner das Becken verlassen können.

Leider sind gerade kleine Aquarien nicht besonders einfach zu pflegen. Je größer ein Becken ist, desto stabiler ist sein Lebensraum und desto leichter verzeiht es Pflegefehler, die insbesondere dem Einsteiger leicht unterlaufen. Kleine Aquarien bedürfen daher einer besonderen Pflege und fordern von ihrem Besitzer viel Aufmerksamkeit.

Eine Aquariengröße ab 54 l Inhalt ist zu empfehlen, da die Wasserwerte dann leichter stabil zu halten sind. Bei den meisten kleinen Fischarten ist die Höhe des Behälters zweitrangig, denn sie kommen in der Natur teilweise sogar bei Wasserständen von nur 10 cm vor. Für ihre Pflege sollte die Grundfläche jedoch mindestens 30 cm × 25 cm betragen. Aquarien mit weniger als 20 l Volumen sind nicht mehr für Fische geeignet. In ihnen können – wenn überhaupt – nur Wirbellose und Pflanzen erfolgreich gepflegt werden.

Nicht jeder Ort ist geeignet

Auch wenn ein kleines Aquarium fast überall seinen Platz findet, sollten Sie beim Aufstellungsort einige Regeln beachten. Aufgrund der geringen Wassermenge kann es sich schnell aufheizen oder auch abkühlen. Standorte in der Sonne oder über der Heizung sind aufgrund der möglichen Erwärmung nicht geeignet.

Nano-Aquarien können Sie dort aufstellen, wo Sie sich häufig aufhalten, beispielsweise auf dem Schreibtisch, in der Küche oder sogar im Schlafzimmer. Allerdings müssen Sie dabei immer an die Bedürfnisse der Aquarienbewohner denken. Das Licht ist so zu steuern, wie es die Pflanzen und Tiere benötigen. Ein Platz am Fenster kann durch die Sonneneinstrahlung zu Überhitzung oder zu verstärktem Algenwuchs führen. Den Filter nachts auszuschalten, weil Sie in Ruhe schlafen wollen, kann für die Tiere den Tod bedeuten.

Da beim Hantieren mit dem oder im Aquarium immer etwas Wasser nach außen gelangen kann, sollten sich unter oder direkt neben ihm keine wichtigen Dokumente oder Steckdosen befinden. Ein ruhigeres Plätzchen ist sinnvoll, weil nicht nur Sie in das Aquarium hinein-, sondern die Fische auch hinausschauen können, und aufgrund der geringen Aquariengröße kaum Rückzugsmöglichkeiten vorhanden sind.

GUT ZU WISSEN

Ein 30-l-Aquarium sieht klein aus, kann aber komplett eingerichtet gut 40 kg wiegen. Daher müssen das Regal, der Schrank oder der Tisch, auf dem es stehen soll, entsprechend stabil gebaut sein.

Ein Nano-Aquarium bietet nicht viel Platz für Gestaltungsmöglichkeiten. Daher sollten Sie sich rechtzeitig Gedanken über die Einrichtung machen. Bodengrund, Steine, Wurzeln, Höhlen und Pflanzen sollten Sie den Bedürfnissen der tierischen Mitbewohner entsprechend wählen.

Da in einem solch kleinen Aquarium voluminöse Filter keinen Platz finden, kommen Bodengrund und Pflanzen eine wichtige Aufgabe zu.

▲ **Die Einrichtung** *ist nicht schwer, wenn man sich vorher Gedanken über die Gestaltung macht.*

Bodengrund und Deko

Den Bodengrund sollten Sie so wählen, dass der sich ansammelnde Mulm und überschüssiges Futter nicht in ihm versinken. Außerdem sollte er die Färbung der Bewohner betonen. Die meisten Tiere fühlen sich auf dunklem Bodengrund wohler und zeigen intensivere Farben. Dunkelgrauer oder brauner Bodengrund aus rundem Kies mit Korngrößen von 1 bis 2 mm ist gut geeignet. In Aquarien mit wurzelnden Pflanzen sollte der Bodengrund so hoch sein, dass die Pflanzen ausreichend Halt finden.

Für Pflanzen, die ihre Nährstoffe aus dem Boden aufnehmen, können Sie als unterste Schicht des Bodengrunds ein Dünger enthaltendes Substrat wählen. Feinen Sand sollten Sie jedoch meiden, da er keinen Wasseraustausch im Boden zulässt und sich somit Fäulnisherde bilden können.

Ein kleines Aquarium lässt Ihnen nicht viel Platz für große Einrichtungsgegenstände. Allerdings liegt der Reiz darin, mit überschaubaren Mitteln und richtigem Design ein schönes Becken zu schaffen.

▸ ***Dunkler** Bodengrund betont die Farben der meisten im Nano-Aquarium gepflegten Tiere.*

GUT ZU WISSEN

Schnell wachsende Pflanzen sind für ein kleines Aquarium eher ungeeignet, da häufige Umpflanzaktionen nicht angebracht sind.

Steine

Steine sind interessante Einrichtungsgegenstände. Ob helle Flusskiesel, raues Lavagestein oder Steine mit vielen Ecken und Kanten – es gibt für jeden Geschmack etwas. Oft werden im Fachhandel Steine angeboten, die wie Gebirgs- oder Felslandschaften wirken.

Je mehr Steine verwendet werden, desto weniger Wasser steht im Aquarium zur Verfügung, sodass der Schwimmraum der Fische kleiner wird. Lassen Sie sich nicht täuschen. Erst im Aquarium sehen Sie, wie groß der Stein wirklich ist. Da hilft es, wenn man bereits im Laden probedekorieren kann. Auch die Farben trockener Steine wirken unter Wasser anders und das Gestein wird im Aquarium bald von einer natürlichen Algenschicht überzogen werden.

GUT ZU WISSEN

Kalksteine, zum Beispiel das bekannte weiße Lochgestein für Buntbarschaquarien, härten das Wasser auf und heben dadurch meist auch den pH-Wert an.

◂ ***Der Ziersalmler*** *Nannostomus mortenthaleri in einem Aquarium, das vor allem mit Steinen dekoriert worden ist.*

Wurzeln und Äste

Wurzeln und Äste gehören in natürlichen Gewässern zu den wichtigsten und häufigsten Strukturelementen, zwischen denen sich Wirbellose gern aufhalten und in deren Wirrwarr sich Fische verstecken.

Für das Aquarium sollten Sie nur Hölzer verwenden, die sich im Wasser lange halten und nicht faulen. Außerdem muss das Holz schwer genug sein, um nicht an der Wasseroberfläche zu schwimmen. Am häufigsten wird in der Aquaristik Moorkienholz verwendet. Moorkienholz besteht aus den Überresten von Baumwurzeln und Ästen, die viele Jahre lang im Wasser oder im Moor gelegen haben. Für ein Nano-Aquarium verwenden Sie am besten dünnes Holz, das stark verästelt ist.

▴ ***Mit Wurzeln*** *und Ästen lassen sich Nano-Aquarien sehr gut gestalten.*

TIPP

Das Holz muss vor der Verwendung zwei bis vier Wochen gewässert werden, um abzusinken und nicht mehr zu viele Huminstoffe abzugeben, die das Wasser braun einfärben und den pH-Wert senken. Im Fachhandel kann man bereits vorbereitetes Holz kaufen.

Laub

Abgestorbenes Laub ist in natürlichen Gewässern der häufigste Aufenthaltsort von Zwerggarnelen und teilweise auch von Fischen. Dort finden sie in der dichten Detritusschicht Schutz und Nahrung. Herbstlaub von Eiche und Buche eignet sich am besten, da es sich lange im Aquarium hält. Sie können es im Herbst und Winter im Wald sammeln. Bäume in Städten oder an viel befahrenen Straßen sollten dabei nicht als Blattlieferanten dienen, da das Laub durch die Abgase belastet ist. Im Fachhandel können Sie Seemandelbaumblätter kaufen, die zwar recht groß sind, sich aber mit einer Schere zerkleinern lassen.

▼ ***Laub** lässt sich sehr gut auf dem Bodengrund einsetzen. Hier steht ein Zwerghechtling, Aplocheilus parvus, zwischen den Blättern.*

Rückwände und Höhlen

Insbesondere, wenn Fische im Aquarium gehalten werden, sollte mindestens eine Seite des Beckens nicht einsehbar sein. Eine von außen aufgeklebte Rückwandfolie verhindert den Blick durch das Aquarium.

Bei Nano-Aquarien wirken bunte Folien als Hintergrund unnatürlich. Am besten geeignet ist eine schwarze Folie, die dem Becken Tiefe verleiht und einen guten Kontrast zur Einrichtung darstellt.

Halten Sie kleine Krebse im Aquarium, benötigen Sie passende Höhlen, in denen sich die Tiere verstecken können. Die Krebse bevorzugen längliche Höhlen, in die sie noch gerade hineinpassen. Dazu eignen sich getöpferte Röhren, die Sie individuell formen und mit verschiedenen Tonfarben gestalten können, um eine gewisse Natürlichkeit zu gewinnen. Der Fachhandel bietet sie ebenfalls an.

▼ ***Die Rückwand** schließt das Aquarium nach hinten ab und erspart den Blick auf die Tapete.*

▲ **Zuunterst** kann eine Schicht düngerhaltiger Bodengrund eingebracht werden. Der abdeckende dunkle Bodengrund steigert die Wirkung der Farben der Aquarienbewohner.

▲ **Nun** können Dekorationsgegenstände wie Wurzeln und Steine eingebracht werden. Die Wurzeln sollten vorher gewässert worden sein, damit sie nicht schwimmen.

▲ **Das Wasser** lässt man auf eine Untertasse laufen, damit der Bodengrund nicht aufgewirbelt wird. Am besten füllt man es nur zur Hälfte ein, damit es beim Einsetzen der Pflanzen nicht überschwappt.

▲ **Beim Einsetzen** der Pflanzen sollten Sie darauf achten, dass die Wurzeln nicht geknickt oder gequetscht werden. Erst danach kann der Wasserstand auf die gewünschte Höhe angehoben werden.

Was ist an Technik nötig?

Die benötigte Technik hängt davon ab, welche Pflanzen und Tieren Sie im Aquarium halten wollen. Pflanzen benötigen Licht und eine gewisse Temperatur. Auch eine CO_2-Anlage ist für einige Pflanzenarten von Vorteil. Die Filterung ist notwendig, wenn Sie Tiere im Aquarium halten wollen, die regelmäßig gefüttert werden und damit Stoffwechselprodukte ins Becken einbringen. Die Temperatur spielt sowohl für die Pflanzen als auch für die Tiere eine Rolle.

TIPP

Ein kleines Becken bietet nur wenig Platz für Technik. Daher sollten Sie sich auf das Nötigste beschränken und möglichst unscheinbare und kleine Geräte auswählen.

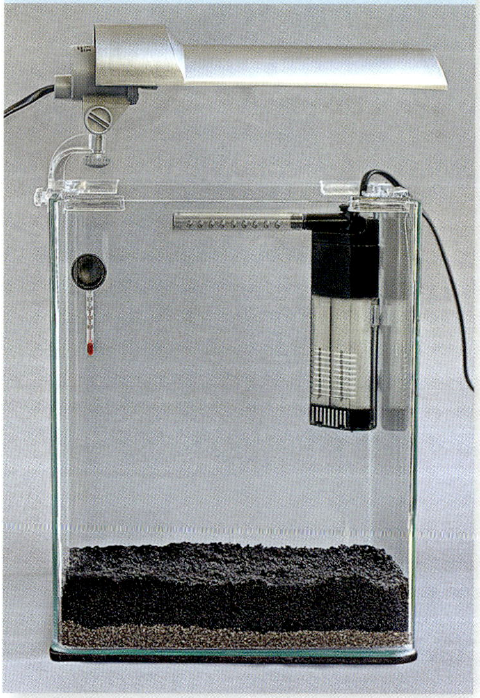

Filter

Ein sehr gutes Wasser ist für die erfolgreiche Haltung und Zucht Ihrer Aquarienbewohner entscheidend. Die Filterung verbessert die Wasserqualität und erhöht den Sauerstoffgehalt. Schweb- und Trübstoffe werden mechanisch entfernt, und im Filter siedeln sich Bakterien an.

Im Aquarium übernehmen Bakterien die Reinigung des Wassers, indem sie unerwünschte chemische Verbindungen in weniger schädliche umwandeln. Nitrat ist dabei gewissermaßen das Endprodukt des Filterungsprozesses. Im Aquarium sollte der Wert möglichst nicht über 20 mg/l steigen, was Sie durch regelmäßige Wasserwechsel mit unbelastetem Wasser erreichen können.

Wir unterscheiden zwei unterschiedliche Techniken des Filterbetriebs. Motorfilter befördern das Wasser mithilfe eines Elektromotors durch das Filtermedium. Wenn Sie im Aquarium züchten wollen, dürfen die Jungtiere natürlich nicht in den Filter gelangen. Das wäre leicht möglich, wenn seine Ansaugöffnungen zu groß sind. Die Wahrscheinlichkeit, dass die Babys durch das Pumprad erschlagen werden, ist äußerst hoch. Motorfilter sind meistens leise.

Bei Filtern mit Lufthebertechnik wird Luft mithilfe einer Pumpe unter Wasser in ein Rohr transportiert. Die in Blasen aufsteigende Luft sorgt dafür, dass das Wasser durch das gebogene Rohr wieder austritt. Das angesaugte Wasser wird vor dem Eintritt in das Rohr durch einen Filterschwamm gesaugt.

Je feinperliger die Luftblasen sind, desto mehr Wasser wird transportiert und desto effektiver funktioniert der Filter. Das Wasser wird dadurch mit Sauerstoff angereichert. Das Filtermedium ist meist größer und effektiver als bei Motorinnenfiltern. Nachteilig ist, dass durch die Luftpumpe und das Geblubber immer ein gewisser Geräuschpegel vorhanden ist.

◂ ***Mittlerweile*** *gibt es für Nano-Aquarien kleine Motorinnenfilter.*

Bei allen Filtern müssen Sie darauf achten, dass der Filterschwamm nicht verstopft. Lässt er kaum noch Wasser durch, muss er ausgewaschen werden. Das darf auf keinen Fall mit heißem Wasser erfolgen, da sonst die Filterbakterien abgetötet werden. Waschen Sie die Filterschwämme zum Beispiel aus, wenn Sie einen kleinen Wasserwechsel machen. Dazu drücken Sie den Filterschwamm im Eimer mit dem alten Aquarienwasser so lange aus, bis er sauber und wieder weich ist.

TIPP

Sind die Aquarien mit Krebsen und Garnelen besetzt, können Sie einen Teil des sich am Boden absetzenden Filterschlamms wieder ins Aquarium geben, da er eine sehr gute Nahrungsgrundlage für die kleinen Krabbler darstellt.

GUT ZU WISSEN

Ein Filter kann nichts aus einem Aquarium entfernen, sondern nur Schwebstoffe binden. Filterbakterien sorgen dafür, dass chemische Prozesse unterstützt und Stoffe in andere umgewandelt werden. Wenn Sie dem Wasser etwas hinzufügt haben (zum Beispiel Futter), muss es auch wieder entfernt werden. Das geschieht, indem Sie überschüssige Pflanzen, die Stoffe aus dem Wasser aufgenommen haben, entfernen und – einfacher – durch Wasserwechsel.

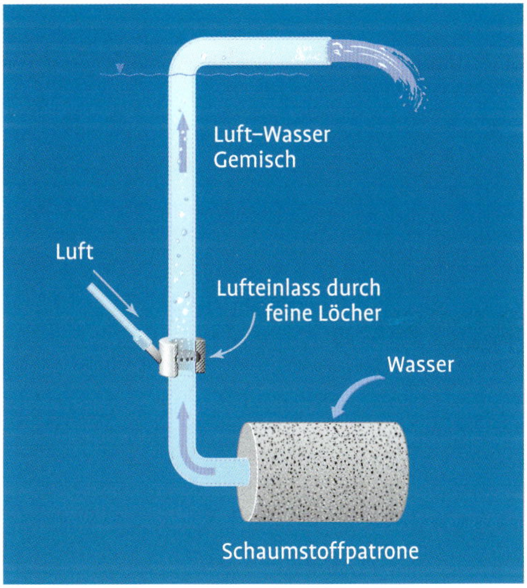

▲ ***Die Luft*** *strömt durch den Schlauch ein und befördert das Wasser im Steigrohr des Patronenfilters nach oben.*

▲ ***Den Patronenfilter*** *sollte man im Hintergrund platzieren, damit er von den Pflanzen verdeckt wird und nicht auffällt.*

Beleuchtung

Bei der Beleuchtung von Nano-Aquarien-Sets sind wir von dem abhängig, was die Hersteller der Aquarien liefern. Das sind meistens kleine Leuchtstofflampen oder Halogenleuchten. Sie sind für eine normale Aquarienbepflanzung ausreichend, allerdings meist nicht für sehr lichthungrige Pflanzenarten. Dann müssen kleine zusätzliche Lampen installiert werden.

Mittlerweile werden für Aquarien auch LED-Beleuchtungen angeboten, die einerseits recht günstig im Verbrauch sind, andererseits aber in der Anschaffung relativ teuer sein können. Hier lohnt es sich, den Markt zu beobachten, da in diesem Bereich immer wieder neue Produkte in den Handel kommen.

Bedenken Sie, dass bei intensiver Beleuchtung und starkem Pflanzenwachstum die Pflanzen viele Nährstoffe und auch CO_2 benötigen. Das heißt, dass in diesem Fall häufigere Wasserwechsel, Düngergaben und CO_2-Düngung notwendig sind.

GUT ZU WISSEN

Es gilt das Minimum-Gesetz: Der am wenigsten vorhandene Faktor bestimmt das Wachstum. Zum Beispiel sind viel Licht und viel Dünger nur dann sinnvoll, wenn das Aquarium auch mit CO_2 versorgt wird. Es muss ein ausgewogenes Verhältnis aller für das Wachstum wichtigen Faktoren bestehen.

Sehr viele Tiere, die Sie im Nano-Aquarium halten können, fühlen sich bei schwächerer Beleuchtung wohl, und ihre Farben kommen dann besser zur Geltung. Sie wählen daher am besten das Aquarium aus, das Ihnen gefällt, und passen die vom Licht abhängige Bepflanzung den durch die Tiere und die entsprechende Beleuchtung vorgegebenen Möglichkeiten an.

Heizung

Sie sind es gewohnt, dass Aquarien zu beheizen sind. Aquarienthermometer suggerieren, dass das Temperaturoptimum bei 25 °C liegt. Es ist aber wichtiger, die Temperaturansprüche der Aquarienbewohner zu berücksichtigen und entsprechend angepasst zu heizen.

Manchmal können Sie sogar auf eine Heizung verzichten. Bei einer Zimmertemperatur zwischen 18 und 22 °C wird die Aquarientemperatur leicht darüber liegen, weil Licht und der eventuell vorhandene Motorinnenfilter das Wasser zusätzlich aufheizen.

Bei Fischen, Wirbellosen und Pflanzen, die Temperaturen unter 22 °C bevorzugen, können Sie auf eine Heizung verzichten, da die Umgebungstemperatur ausreicht.

TIPP

Wird eine Heizung eingesetzt, sollte sie ein sehr gutes Thermostat haben, mit dem man die Temperatur genau einstellen kann. Das ist wichtig, um eine Überhitzung zu vermeiden. Heizstäbe um 25 W Leistung reichen dabei für Nano-Aquarien bis zu 50 l Inhalt aus.

Für die meisten Fisch- und Wirbellosenarten sind Schwankungen der Wassertemperatur um bis zu 5 °C unschädlich, ja sogar wünschenswert, da die Vitalität der Tiere gesteigert wird. Auch in der Natur kann es durch Regenfälle oder unterschiedliche Sonneneinstrahlung kurzfristig zu Temperaturschwankungen von mehreren Grad kommen. Oft sind derartige Veränderungen der Auslöser für das Ablaichen der Tiere.

▼ **Passend** zu den Aquarien werden entsprechende Beleuchtungen angeboten.

Pflan

Pflanzen
für kleine Aquarien

Es ist eine kleine Herausforderung, ein Nano-Aquarium so zu bepflanzen, dass es ohne viel Pflegeaufwand dauerhaft gut aussieht.

Eine ansprechende Bepflanzung macht ein Aquarium erst zu einem besonderen Highlight. Die Holländischen Pflanzenaquarien sowie die Aquarien des Japaners Takashi Amano sind dabei Vorbilder. Der Begriff „Aquascaping" hat sich für die Nachbildung von Naturvorlagen durchgesetzt. Ob das nun wirklich die Vorbilder für Ihre eigenen Aquarien sein müssen, sei dahingestellt.

Wollen Sie Ihr Hobby Aquaristik genießen und nicht ständig im Becken gärtnern, dann sollten Sie Pflanzen gewählen, die langsam wachsen und wenige Ansprüche stellen, um häufige Eingriffe ins Aquarium zu vermeiden. Keine oder nur sehr wenig Düngung und gerade ausreichendes Licht können bei einigen Pflanzenarten zu langsamem oder Kümmerwuchs führen, was im Nano-Aquarium sogar gewollt sein mag. Auch mit dem entsprechenden Bodengrund kann der Pflanzenwuchs unterstützt oder gehemmt werden.

Wünschen Sie sich einen kräftigen Pflanzenwuchs und besitzen Sie anspruchsvolle Pflanzen, sollten Sie eine CO_2-Anlage installieren. Es gibt CO_2-Anlagen speziell für Nano-Aquarien, die das Pflanzenwachstum unterstützen, den pH-Wert auf natürliche Weise senken und das Wachstum der Algen bremsen. Die CO_2-Zugabe allein reicht jedoch nicht. Licht und Düngung müssen auf die Anforderungen der Pflanzen ebenfalls abgestimmt werden.

▲ ***Wird stark beleuchtet,*** *ist auch eine Kohlendioxid-Zufuhr nötig. Die im Zickzack nach oben strebenden CO_2-Blasen lösen sich im Wasser.*

Mit Moosen gestalten

Vor allem in der Garnelen-Aquaristik nimmt die Anzahl der verwendeten Moosarten stetig zu. Am bekanntesten ist – zumindest dem Namen nach – das Javamoos, *Vesicularia dubyana*. Unter seinem Namen wird jedoch meist das Bogormoos, *Taxiphyllum barbieri*, gepflegt. Aufgrund der sehr großen Anzahl verschiedenster Moose, die ein Laie kaum unterscheiden kann, geschehen leicht solche Verwechselungen.

Die anspruchslosen Schattengewächse kommen mit den verschiedensten Wasserwerten und Temperaturen zurecht und die feinen Polster bieten Garnelen und kleinen Krebsen ideale Bedingungen zum Klettern. Auch Jungfischen geben Moose die Möglichkeit, sich vor Nachstellungen durch größere Fische zu verstecken. Außerdem leben viele Kleinstorganismen im Moos, die den Speisezettel kleiner Fische bereichern.

Verwendet werden alle Moose auf die gleiche Weise. Sie können sie frei im Wasser am Aquarienboden treiben lassen oder auf Wurzeln und Steinen mit einem Faden festbinden. Am einfachsten geht das mit einer dünnen Angelschnur. Etwas Moos wird auf das Substrat gelegt und mit einem Faden befestigt.

Übertreiben Sie es aber nicht mit der Moosmenge. Ist die Schicht zu dick, stirbt das Moos am Substrat ab. Eine dünne Schicht reicht völlig aus, da Moose bei guten Bedingungen recht schnell wachsen. Mit einer kleinen Schere können Sie die Polster bei Bedarf zurückschneiden, wenn sie zu stark wuchern.

▲ **Bei diesem** *frisch eingerichteten Becken sind Moose als Vordergrundbepflanzung eingesetzt worden.*

GUT ZU WISSEN

Um den Blick auf das gesamte Aquarium zu erhalten, wird die Bepflanzung ansteigend ausgelegt, also vorn niedrig und hinten hoch. Die Bodenschicht wird dabei nur so dick gewählt, wie es für die Pflanzen unbedingt nötig ist. Mehr als 5 cm sind nicht zu empfehlen, um das Wasservolumen nicht zu stark zu reduzieren.

Farne und Lebermoose

Beim Süßwassertang, *Lomariopsis lineata*, handelt es sich eigentlich um ein Prothallium eines Farns. Er wächst gut bei hohen Nährstoffkonzentrationen und CO_2-Düngung. Einmal eingewöhnt, kann er dichte Polster und einen schönen Kontrast zu anderen Pflanzen bilden. Das Lebermoos *Monosolenium tenerum* sieht ähnlich aus und hat vergleichbare Ansprüche.

Das Teichlebermoos, *Riccia fluitans*, bildet mit seinen gabelig verzweigten Vegetationsorganen dichte Polster, die an der Wasseroberfläche treiben. Damit sie unter Wasser bleiben, können Sie Haarnetze verwenden, mit denen Sie sie auf Steinen dekorativ befestigen. Um ein kräftiges Wachstum anzuregen, müssen Sie dann allerdings stark beleuchten und düngen.

TIPP

Abhängig von Licht, Düngung und Wasserwerten wachsen Moose unterschiedlich stark. Nehmen sie im Aquarium überhand, können Sie sie einfach mit einer Schere stutzen. Achten Sie darauf, dass die Moosschicht nicht zu dick wird. Bekommen Moose kein Licht mehr, fangen sie an zu gammeln.

▲ **Der Süßwassertang** *Lomariopsis lineata wächst bei wenig Licht und leicht saurem pH-Wert sehr gut und bildet dichte hohe Polster.*

▲ **Das Teichlebermoos** *lässt sich auch mithilfe von Haarnetzen auf Steinen befestigen und bildet dann dekorative Polster.*

Pflanzen für den Vordergrund

Dem Vordergrund kommt in kleinen Aquarien eine noch größere Bedeutung zu als in großen. Aufgrund des wenigen Platzes muss die Pflanzenauswahl wohl durchdacht sein. Beschränken Sie sich am besten auf ein bis zwei Arten, um ihnen ausreichend Raum zum Wachsen zu lassen.

Wasserkelche

Die Wasserkelche der Gattung *Cryptocoryne* finden Sie in der Natur unter Wasser oder an Flussufern. Wechselnden Umweltbedingungen passen sie sich an, indem sie abhängig von Licht und Nährstoffen unterschiedliche Blattformen, -größen und -farben ausbilden. Auch sind die Blätter an Land und unter Wasser unterschiedlich geformt. Wasserkelche bilden durch Ableger dichte Polster. Damit sie gut wachsen, muss der Bodengrund mindestens 4 cm hoch sein. Eine Schicht Bodendünger unter dem Bodengrund fördert das Wachstum.

Besonders ist Wendts Wasserkelch, *Cryptocoryne wendtii*, für die Aquarienhaltung geeignet. Die Pflanze kann abhängig von den Umweltbedingungen in den verschiedensten Farb- und Wuchsformen gedeihen und stellt dabei sowohl an die Wasserwerte als auch an die Temperatur geringe Ansprüche. Sie kann über 10 cm hoch werden und eignet sich damit schon fast für den Hintergrund eines Nano-Aquariums. Die Pflanzen werden einzeln gesetzt, da sie sich schnell ausbreiten und Ausläufer bilden.

Der Kleine Wasserkelch, *Cryptocoryne parva*, wird dagegen maximal 5 cm hoch und wächst langsam, sodass er auch in kleinen Becken als Vordergrundpflanze ideal geeignet ist. Aufgrund des langsamen Wuchses kauft man am besten gleich mehrere Pflanzen dieser kleinen Art.

▲ ***Der Kleine Wasserkelch*** *ist sehr gut für die Bepflanzung des Vordergrunds geeignet.*

▶ ***Es ist sinnvoll,*** *die Bepflanzung von vorn nach hinten zu staffeln.*

GUT ZU WISSEN

Verlassen Sie sich nicht darauf, dass Cryptocorynen im Aquarium genauso aussehen wie die meist oberhalb des Wasserspiegels heran gewachsenen Pflanzen im Zoofachgeschäft.

▼ **Cryptocorynen** *können auch als Ruheplatz für Harnischwelse dienen, die allerdings meist zu groß für das Nano-Aquarium werden.*

Grasartige Schwertpflanze

Die Grasartige Schwertpflanze, *Helanthium tenellum* (früher *Echinodorus tenellus*), sieht ähnlich wie *Cryptocoryne parva* aus, wird ebenfalls nur bis zu 5 cm hoch und kann am Boden einen dichten Rasen bilden. Sie ist anspruchslos und verträgt weiches bis mittelhartes Wasser. Bei ausreichendem Licht wächst sie relativ schnell und stellt somit eine gute Alternative zu den Wasserkelchen dar.

Die Pflanzen werden im Handel teilweise auf Edelstahlgittern fixiert angeboten. Diese können Sie einfach ins Becken legen und leicht mit Kies bedecken – das zeitraubende Einpflanzen entfällt also. Außerdem können sich so die kleinen Pflänzchen nicht mehr aus dem Boden lösen, wenn sie nach dem Einsetzen noch nicht ausreichend Wurzeln gebildet haben.

▼ ***Hier*** *bildet der Kleine Stern in der Mitte zusammen mit dem Perlkraut im Vordergrund einen dichten Teppich.*

Zwergkleefarn

Der Zwergkleefarn, *Marsilea hirsuta*, ist ebenfalls für die Begrünung des Vordergrunds geeignet. Er bildet flache Ausläufer mit kleinen, auf einem Stiel sitzenden, rundlichen Blättern und wird dabei maximal 5 cm hoch.

Australisches Zungenblatt

Das Australische Zungenblatt, *Glossostigma elatinoides*, wächst flach auf dem Boden und bildet bei viel Licht und guter Düngung schnell einen dichten Rasen aus hellgrünen Pflänzchen, die – wie der Name schon sagt – zungenförmige Blätter besitzen.

Kleiner Stern

Der Kleine Stern, *Pogostemon helferi*, setzt mit seinen krausen Blättern bei viel Licht und CO_2-Düngung sehr schöne Akzente im Vordergrund. Bekommt er weniger Licht und Nährstoffe, wächst er nicht mehr so dicht und streckt sich eher in die Höhe.

Bälle aus Algen

Grünalgen sind meist in der Aquaristik nicht gern gesehen und werden mit Garnelen und Pflanzen bekämpft. In Extremfällen gehen Aquarianer mit der chemischen Keule gegen sie vor, was erstens sinnlos und zweitens nicht ungefährlich ist. Die Bekämpfungsmittel enthalten nämlich häufig das für Krebstiere giftige Kupfer.

Die Grünalge *Aegagropila linnaei* (zeitweilig als *Cladophora aegagropila* bezeichnet) dagegen können Sie sich absichtlich ins Aquarium holen. Ihre charakteristische Eigenschaft ist die Bildung von kompakten Bällchen, die durch die Strömung frei auf dem Boden der Gewässer umherrollen und somit ihre gleichmäßige Form erlangen.

In der Natur können diese Kugeln einen Durchmesser von bis zu 20 cm erreichen, wobei sie meistens viel kleiner bleiben und in der Regel mit einer Größe von 5 bis 7 cm im Handel erhältlich sind. Das ist auch die richtige Größe für unser Nano-Becken.

Algenbälle bevorzugen leicht alkalisches Wasser, wobei die Temperatur nicht konstant über 27 °C liegen sollte.

Bezüglich des Lichts sind sie wenig anspruchsvoll und geben sich mit einem schattigen Plätzchen zufrieden. Da *Aegagropila linnaei* empfindlich auf Verschmutzung reagiert, sollten die Kugeln regelmäßig im Wasser ausgedrückt und gespült werden. In der Gesellschaft von Zwerggarnelen übernehmen es die Tiere, die Kugel rein zu halten und ständig auf ihr nach Futter zu suchen.

GUT ZU WISSEN

Durch die fehlende Bewegung im Aquarium verflacht *Aegagropila linnaei* oder wächst nicht regelmäßig. Aber auch solche Exemplare ergeben einen schönen dekorativen Effekt. Werden die Kugeln nicht regelmäßig bewegt und alle Seiten gelegentlich dem Licht ausgesetzt, zerfallen sie in einzelne Stücke, die Sie auf Steine oder Holz binden können. Auf einem flachen Stein befestigt wirken sie wie ein Stück Rasen.

◂ ***Die Algenbälle*** *wirken im Aquarium sehr attraktiv.*

Hintergrundbepflanzung

Da das Nano-Aquarium eine sehr geringe Grundfläche hat, sollten für den Hintergrund Pflanzen gewählt werden, die eher in die Höhe als in die Breite wachsen. Viele gängige Hintergrundpflanzen wachsen bei guten Bedingungen sehr schnell und müssen regelmäßig zurückgeschnitten werden.

Stängelpflanzen können Sie auf die Hälfte einkürzen, sodass sie buschig werden. Alternativ knipsen Sie jeweils die Spitze ab und pflanzen sie nach dem Entfernen der alten Stängel ein. Zu den für den Hintergrund geeigneten Arten gehört unter anderen die kleinblättrige *Rotala rotundifolia*, die bei kräftigem Licht rötliche Blätter bildet.

Zartes Mooskraut

Das Zarte Mooskraut, *Mayaca sellowiana*, ist hellgrün und wirkt mit seinen schmalen, feinen Blättern recht zerbrechlich. Bei dieser Pflanze ist CO_2-Düngung angebracht.

Grüne Haarnixe

Die Grüne Haarnixe, *Cabomba caroliniana*, kann ebenfalls im Nano-Aquarium verwendet werden, muss allerdings aufgrund ihres starken Wuchses bei kräftiger Beleuchtung und Düngung regelmäßig eingekürzt werden.

▼ **Die verschiedenen Pflanzen** sollten von ihrer Wuchshöhe her aufeinander abgestimmt werden.

Kleinblättriger Wassernabel
Der Kleinblättrige Wassernabel, *Hydrocotyle sibthorpioides*, bietet mit seinen rundlichen Blättern einen angenehmen hellgrünen Kontrast, wobei er nicht ganz anspruchslos ist und entsprechend gedüngt und beleuchtet werden muss.

Zwergpfeilkraut
Bevorzugen Sie schmalblättrige Arten, können Sie auf das Zwergpfeilkraut, *Sagittaria subulata*, zurückgreifen. Je nach Bodendüngung und Temperatur liegt die Größe zwischen 5 cm und 20 cm. Wenn Sie diese Pflanze im Mittelgrund einsetzen, machen Sie nichts verkehrt. Die Art bildet Ausläufer, die den Boden schnell bedecken können.

Seegrasblättriges Trugkölbchen
Das Seegrasblättrige Trugkölbchen, *Heteranthera zosterifolia*, ist eine weitere wuchsfreudige Art, die mit ihren schmalen hellgrünen Blättern dichte Polster bilden kann und somit Jungfischen Schutz bietet.

Vallisnerien
Vallisneria-Arten sind als einfach zu pflegende, schmalblättrige und stark Ausläufer bildende Aquarienpflanzen bekannt. Aufgrund der Blattlänge sind Vallisnerien allerdings meistens nicht für kleine Aquarien geeignet. Eine Ausnahme bildet die Zuchtform „Mini Twister“ der *Vallisneria americana*, die sich mit einer Größe von bis zu 20 cm auch in kleinen Becken sehr gut pflegen lässt.

▲ **Der Wassernabel** bildet mit seinen runden Blättern einen schönen Kontrast zu den übrigen Pflanzen des Aquariums.

▲ **Das Zwergpfeilkraut** eignet sich für den mittleren Bereich des Aquariums und bildet schnell viele Ausläufer.

Pflanzen auf Holz und Steinen

Aufsitzerpflanzen sind Pflanzen, die sowohl in der Natur als auch im Aquarium nicht (unbedingt) im Bodengrund, sondern auf Gegenständen wachsen. Sie haben dazu Wurzeln, die die Pflanzen mit Steinen oder festem Holz verbinden. Bei vielen Arten vertragen die Wurzeln es nicht, in dichtem Bodengrund zu stecken.

Farne

Der Javafarn, *Microsorum pteropus*, ist eine der besten Pflanzen für kleine Aquarien, da er sehr anspruchslos ist, sehr wenig Licht benötigt und langsam wächst. Auch der Javafarn wird aufgebunden und nicht eingepflanzt. Neben der klassischen Form mit bis zu 30 cm langen und 5 cm breiten Blättern, die in kleinen Aquarien allerdings kaum ausgebildet werden, gibt es verschiedene interessante Sorten. Die Form 'Windeløv' ist davon wohl die schönste, weil sie nicht so groß wird und sich die Blattspitzen wie ein Elchgeweih auffächern.

Speerblätter

Speerblätter der Gattung *Anubias* gibt es in verschiedenen Größen. Alle besitzen ein kräftiges Rhizom und ledrige, feste Blätter. Es gibt *Anubias*-Arten mit sehr kleinen, nur bis zu 2,5 cm langen Blättern (*Anubias barteri* var. *nana* 'Bonsai') und Arten mit über 15 cm langen und 7 cm breiten Blättern, die dann jedoch nur für große Aquarien geeignet sind. Für unsere Nano-Aquarien kommen *Anubias barteri* var. *nana* mit bis zu 5 cm großen Blättern und *Anubias barteri* var. *nana* 'Bonsai' mit maximal 2,5 cm großen Blättern infrage.

Man kann Speerblätter auf dem Substrat mit Angelschnur oder mit Kabelbindern befestigen, bis sie angewachsen sind. Beim Festbinden sollte das Rhizom eng und fest am Substrat anliegen, damit die Wurzeln Halt finden können. Die Vermehrung von Speerblättern erfolgt, indem man die Pflanzen einfach in Stücke schneidet. An den Blattansätzen des Rhizoms entstehen dann neue Ausläufer.

▲ **Die Form 'Windeløv'** *ist wohl eine der schönsten des Javafarns.*

▲ ***Anubias barteri* var. *nana*** *lässt sich gut auf Steinen oder auf Holz befestigen.*

▼ ***Holz** kann in die Bepflanzung des Aquariums einbezogen werden.*

GUT ZU WISSEN

Speerblätter sind Schattengewächse, die sowohl in hartem alkalischem als auch weichem saurem Wasser gut gedeihen. Sie entwickeln sich gut bei geringer Beleuchtung. Da sie kräftige Haftwurzeln bekommen und ungern in dichtem Boden wachsen, eignen sie sich hervorragend für die Bepflanzung von Dekorationsgegenständen.

▲ **Beim Einfüllen** des Wassers kann man es auf eine Schüssel oder Untertasse leiten, um den Bodengrund nicht aufzuwirbeln.

Aquarienpflege

Obwohl ein Nano-Aquarium klein ist, benötigt es genauso viel, eher sogar mehr Aufmerksamkeit als ein großes Aquarium.

Wenn es um die Wasserwerte geht, sollten Sie bei kleinen Aquarien noch etwas mehr als bei größeren aufpassen, denn ein kleines Becken kann leichter aus dem Gleichgewicht geraten. Fingerspitzengefühl ist hier gefragt. Der Wasserwechsel stellt daher die wichtigste Pflegeaufgabe dar.

Aquarienwasser

Für die Pflege und Vermehrung der Aquarientiere und Pflanzen spielt die Qualität des Wassers die wichtigste Rolle. Sie können sie am besten anhand des Nitratwerts beurteilen, denn er gibt an, wie stark das Wasser mit organischen Abfallprodukten belastet ist.

Nitratwerte von bis zu 10 mg/l sind ideal, Werte von über 50 mg/l für einige Arten bereits kritisch. Insbesondere durch übermäßige Fütterung kann es schnell zu einer starken Verschlechterung der Wasserqualität kommen. Daher sollten Sie immer nur so viel füttern, wie die Tiere in kurzer Zeit fressen können. Bei kleineren Fischarten ist es ohnehin ratsam, häufiger am Tag und dafür wenig zu füttern, weil sie sich kaum Reserven anfressen können.

Die Ausscheidungen der Fische führen zur Belastung des Wassers mit organischen Stoffen. Bei deren Abbau durch Bakterien zum Endprodukt Nitrat entsteht als Zwischenstufe Ammonium, das weitgehend ungiftig ist. Doch das Ammonium steht in einem vom pH-Wert abhängigen Gleichgewicht mit dem giftigen Ammoniak. Je höher der pH-Wert des Wassers ist, desto größer wird der Anteil des Ammoniaks. So können Überfütterung und schlechte Filterung sehr schnell einen großen Schaden anrichten.

Problem Kupfer

Für alle Krebstiere ist eine erhöhte Konzentration von Schwermetallen, insbesondere von Kupfer, sehr gefährlich und oft der Grund für ihren Tod. Herkömmliche Kupfertestsets aus dem Handel sind nicht so empfindlich, als dass Sie mit ihnen die bereits die geringen für Krebse und Garnelen tödlichen Kupferkonzentrationen nachweisen könnten.

▲ ***Für die meisten Krebstiere*** *wie diese Garnelen sind hohe Kupferkonzentrationen im Wasser absolut tödlich.*

Vorbeugend verwendete Wasseraufbereitungsmittel haben oft nur eine aufschiebende Wirkung. Das mit dem Wasserwechsel ins Aquarium gebrachte Kupfer wird von ihnen zwar gebunden, kann mit der Zeit aber wieder freigesetzt werden, sodass sich das schädliche Metall im Aquarium anreichert.

HINWEIS

Zu hohe Kupferkonzentrationen kann man häufig daran erkennen, dass Zwerggarnelen bei der Häutung sterben und Jungtiere gut züchtbarer Arten nicht aufwachsen.

Der Grund für zu viel Kupfer im Wasser liegt in der Regel in der Hausverrohrung, da vom Wasserlieferanten normalerweise einwandfreies Wasser in die Rohre geleitet wird. Wer relativ neue Kupferrohre im Haus hat oder sein heißes Wasser mittels Durchlauferhitzer oder Warmwasserspeicher gewinnt, kann Probleme mit seinen Tieren bekommen. Wenn Wasser in neueren Leitungen längere Zeit steht, löst sich darin Kupfer in kritischen Konzentrationen. Verstärkt wird dieses Problem durch Erhitzen des Wassers in einem Durchlauferhitzer.

Extreme Wasserwerte

Die bekanntesten Gewässer mit außergewöhnlichen Werten sind die ostafrikanischen Seen (Tanganjika-, Malawi-, Viktoriasee), die hartes und basisches (alkalisches) Wasser mit pH-Werten von 7,5 bis 9,5, einer Gesamthärte von bis zu 12 °dGH und einer Karbonathärte von bis zu 20 °KH aufweisen. Allerdings gibt es für unsere Nano-Aquarien nur sehr wenig aus den Seen stammende Tiere.

Dagegen ist der Rio Negro in Südamerika ein Schwarzwasserfluss mit vielen Huminstoffen, nahezu nicht nachweisbarer Härte und pH-Werten zwischen 4 und 5.

Sehr weiches Wasser und pH-Werte deutlich unter 7 charakterisieren viele südamerikanische und asiatische Biotope, aus denen für Nano-Aquarien geeignete kleine Fischarten stammen. Die meisten von ihnen können allerdings gut in weichem bis mittelhartem Wasser bei pH-Werten zwischen 6 und 7,5 gehalten werden.

Da es artspezifische Unterschiede gibt, werden in den Porträts ab Seite 41 die Bedürfnisse der jeweiligen Arten genauer angegeben.

GUT ZU WISSEN

Sie können die Gefahr des erhöhten Kupfergehalts verringern, indem Sie vor dem Wasserwechsel möglichst viel Wasser für andere Zwecke verwenden, sodass Sie kein in den Leitungen abgestandenes für Ihre Aquarien benutzen müssen. Außerdem ist das frische Wasser dann kalt, was auf Krebstiere anregend wirkt. Temperaturabsenkungen von etwa 5 °C werden normalerweise von allen Wirbellosen und vielen Fischen gut vertragen.

▸ **Viele Salmler** *wie dieser Rote Pfeffersalmler, Axelrodia riesei, bevorzugen saures und weiches Wasser.*

WASSERWECHSEL

Nitrat wird als Endprodukt des Filterprozesses zum Teil von Pflanzen als Nährstoff aufgenommen, reichert sich allerdings auch im Aquarium an. Mit vertretbarem Aufwand kann es nur durch Wasserwechsel aus dem Aquarium entfernt werden. Dafür gibt es unterschiedliche Strategien. Manche Aquarianer wechseln eher wenig Wasser, aber dafür häufiger, wohingegen andere auf umfangreiche Wasserwechsel schwören. Beide Vorgehensweisen haben ihre Berechtigung.

Vorgehensweise 1: Immer dann, wenn das frische Wasser sich in Härte und pH-Wert stark vom Aquarienwasser unterscheidet, sollten Sie häufiger, aber dafür weniger Wasser wechseln. Mit einem Litermessbecher kann man jeden Tag eine geringe Menge Wasser austauschen.

Vorgehensweise 2: Entsprechen die Werte des Frischwassers nahezu den Werten des Aquarienwassers, ist ein regelmäßiger, umfangreicher Wasserwechsel angebracht, da mit ihm Schadstoffe effizient entfernt werden können. Leitungswasser hat meistens Trinkwasserqualität und kommt mit einem pH-Wert von etwa 7,5 bis 8 aus der Leitung. Für große Wasserwechsel im Aquarium sollte das frische Wasser allerdings einige Stunden lang abgestanden und ausreichend temperiert sein.

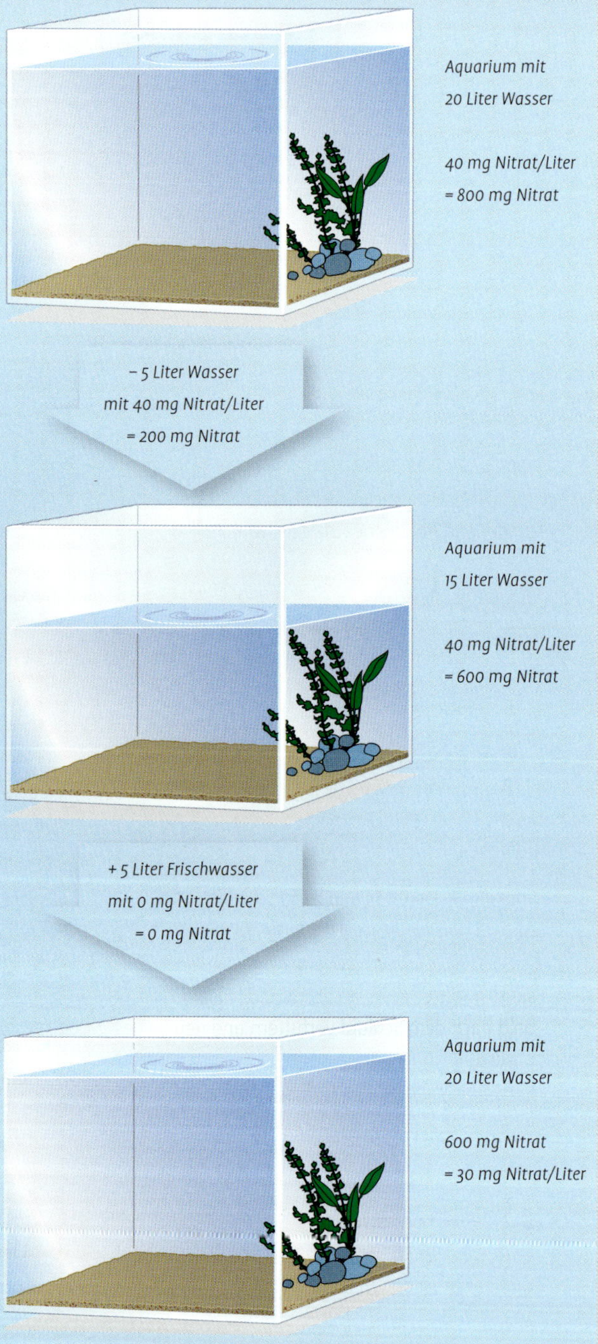

CHECKLISTE FÜR DIE REGELMÄSSIGE PFLEGE

Täglich

- Sind alle Beckenbewohner vorhanden? Bei Todesfällen Leichen entfernen, bevor sie das Wasser belasten.
- Sind alle Tiere bei guter Kondition und verhalten sie sich normal? Kranke Tiere gegebenenfalls herausfangen und in separatem Becken oder genau dosiert im Nano-Becken behandeln.
- Funktioniert die Technik? Sind Licht, Heizung und Filter in Ordnung? Bei Problemen muss umgehend Abhilfe geschaffen werden.
- Stimmt die Wassertemperatur? Wird es im Sommer im Becken zu heiß, müssen Maßnahmen dagegen ergriffen werden. Wird es im Winter zu kalt, muss die Heizung nachgeregelt werden.
- Laufen die Futterkulturen wie erwartet? Ansonsten umgehend neu ansetzen, um keinen Stamm des wertvollen Lebendfutters zu verlieren.
- Füttern Sie kleine Mengen morgens und abends. *Artemia*-Nauplien sind nur wenige Stunden nach dem Schlupf wertvoll, da sie sonst ihre Nährstoffe verlieren. Daher bald nach dem Schlupf verfüttern und neu ansetzen.
- Wechseln Sie bei empfindlichen Tierarten täglich einen Liter Wasser.

***Bei kleinen Aquarien** ist die Pflege besonders wichtig, denn sie sind in Bezug auf das biologische Gleichgewicht weniger tolerant als große.*

Wöchentlich

- Falls Sie nicht täglich etwas Wasser wechseln, führen Sie wöchentliche Wasserwechsel bis zur Hälfte des Aquarienvolumens durch. Stellen Sie vorher Filter und Heizung ab, damit diese nicht trockenlaufen oder sich überhitzen.
- Erneuern Sie die Futterzuchten, falls sie nicht mehr produktiv genug sind.
- Reinigen Sie die Scheiben von sich ansiedelnden Algen. Wenn Sie das regelmäßig tun, geht es schnell und einfach. Gut geht es mit entsprechenden Reinigungsklingen und speziellen Kunststoffschwämmen, die ähnlich funktionieren wie Mikrofasertücher.

Regelmäßig

- Haben Sie gut wachsende Pflanzen gewählt, müssen diese regelmäßig eingekürzt werden.
- In der Regel werden Sie für kleine Aquarien Filter mit einem Filterschwamm verwenden. Dieser muss, wenn die Durchflussleistung merklich nachlässt, so lange in einem Eimer mit Aquarienwasser ausgewaschen werden, bis er wieder weich und durchlässig ist.
- Aktivkohle wird im Filter nur verwendet, um nach einer Medikamentenbehandlung Rückstände des Medikaments zu entfernen. Die Wirkung der Aktivkohle verliert sich recht bald und sie muss dann entfernt werden.
- Bei Filtern auf Lufttheberbasis setzen sich die kleinen Löcher im Rohr regelmäßig zu und müssen gereinigt werden, damit der Durchfluss gewährleistet ist.

Futt

Futter für kleine Mäuler

Ein Nano-Aquarium wird besonders durch seine tierischen Bewohner interessant. Für kleine Tiere ist aber nicht jedes Futter geeignet. Damit sie gesund bleiben, müssen Sie ihre Bedürfnisse beachten.

Der Fütterung kommt im Nano-Aquarium eine besondere Bedeutung zu, da viele der geeigneten Fische nur kleines Futter annehmen und einige Wert auf Lebendfutter legen. Außerdem dürfen Sie nicht zu viel füttern, da überschüssiges Futter im Wasser vergammelt und somit die Wasserqualität verschlechtert. Eine häufigere Futtergabe mit kleinen Portionen, die die Fische in sehr kurzer Zeit auffressen können, ist sehr viel besser für das Milieu im Aquarium geeignet als die große Tagesfütterung.

Trockenfutter

Granulatfutter, Flockenfutter und Futtertabletten sind auf die Bedürfnisse der Wassertiere abgestimmt. Sie sollten darauf achten, dass das Futter für ihre Tiere geeignet ist. Einige Fische fressen allerdings kein Trockenfutter, da sie nur sich bewegendes Lebendfutter annehmen.

Flockenfutter gibt es von verschiedenen Herstellern und in verschiedenen Größen. Es wird auf die Wasseroberfläche gegeben und sinkt langsam ab. Es ist meist sehr ergiebig und sollte daher nur in Mengen verfüttert werden, die sofort gefressen werden. Ansonsten verdirbt es im Aquarium oder die Schnecken tun sich daran gütlich und vermehren sich zu reichlich. Bitte bedenken Sie, dass Fischchen mit kleinem Maul häufig nicht zu große Flocken fressen können.

Grobes Futtergranulat wird häufig speziell für Garnelen und Krebse angeboten. Feines Granulat ist auch für einige Fischarten geeignet, für kleine Fische allerdings häufig zu hart. Kleine Futtertabletten sind geeignet, um gezielt an einer Stelle zu füttern. Sie eignen sich vor allem für bodenorientierte Fische und Wirbellose.

Gefriergetrocknetes Futter wird aus Mückenlarven, Bachflohkrebsen oder Wasserflöhen hergestellt, die eingefroren und dann vakuumgetrocknet werden. Der Nährwert entspricht dem der Futtertiere. Allerdings schwimmt das Futter lange an der Oberfläche und wird nicht von allen Fischen so gern gefressen wie Frost- oder Lebendfutter.

Artemia-Nauplien sind ein hervorragendes Lebendfutter. Man kann allerdings auch entkapselte *Artemia*-Zysten („Eier") ohne Hülle kaufen. Sie schwimmen längere Zeit und sind daher sehr gut geeignet für Fische, die ein kleines Maul haben und ihr Futter an der Oberfläche suchen.

◂ ***Wer unbelastete Gewässer kennt,*** *kann sich kleines Lebendfutter selbst fangen.*

Frostfutter

Als Frostfutter bezeichnet man eingefrorenes Tümpelfutter. Dazu gehören verschiedenste Mückenlarven, Wasserflöhe, *Cyclops* und weitere Futtertiere. Den Fischen schadet es zwar nicht, wenn man Frostfutter gefroren ins Aquarium gibt und sie es direkt fressen. Allerdings kann die Eisbrühe, die das Futter umgibt, das Wasser belasten.

TIPP

Geben Sie das Frostfutter in einen Behälter mit Wasser und lösen Sie es auf. Diese Mischung gießen Sie in ein *Artemia*-Sieb und spülen sie durch. Dann kann sie bedenkenlos den Fischen angeboten werden. Steht dieses Futter eine Weile an der Luft, verdirbt es recht schnell. Daher sollten Sie es umgehend verfüttern.

Achten Sie auf gute Qualität und Futtertiere aus speziellen Zuchten. Außerdem entsprechen 100 g Frostfutter bei einem Anbieter nicht 100 g Frostfutter beim anderen. Durch die unterschiedliche Wassermenge in der Frostfuttertafel kannn der Futteranteil stark schwanken. Also schauen Sie genau hin.

▲ **Manche** *Fische wie die Ceylon-Zwergbarbe, Horadandia atukorali, bevorzugen Lebend- oder Frostfutter und nehmen nur ungern Trockenfutter an.*

Lebendfutter

Lebendfutter ist für Arten besonders wichtig, die kein Kunstfutter annehmen. Auch gefrorene Futtertiere werden von ihnen kaum angerührt, da sie nur auf Bewegung reagieren. Die Futtertiere müssen allerdings die passende Größe und den entsprechenden Nährwert haben.

Artemia

Das bekannteste und sicher am einfachsten bereitzustellende Lebendfutter für unsere Fische sind frisch geschlüpfte Salinenkrebs- oder *Artemia*-Nauplien. Da die kleinen Nauplien bereits nach 24 bis 48 Stunden schlüpfen und die Zysten („Eier“) lange gelagert werden können, stellen *Artemia* eine jederzeit verfügbare Lebendfutterquelle dar. Frisch geschlüpfte Nauplien können bereits von den Jungfischen vieler Arten gefressen werden.

Da *Artemia* Salzwasserbewohner sind, überleben sie im Süßwasseraquarium nur wenige Stunden. Daher sollten Sie eine zu reichliche Fütterung vermeiden, denn tote und sich zersetzende *Artemia* belasten das Wasser.

Artemia-Zysten erhalten Sie im Zoofachhandel in unterschiedlichen Verpackungseinheiten. Da die Qualität der angebotenen *Artemia* – erkennbar an der angegebenen Schlupfrate – sehr

GUT ZU WISSEN

Friert man die Zysten im Tiefkühlschrank ein, bleibt ihre Schlupfrate über Monate oder sogar Jahre erhalten. Werden sie nicht vakuumverpackt, sondern offen gelagert, nehmen sie Feuchtigkeit auf und verlieren ihre Schlupffähigkeit. Daher sollte man geöffnete Packungen innerhalb weniger Wochen verbrauchen und ihre Deckel immer dicht verschließen.

▲ ***Die Artemia-Nauplien** werden in einem speziellen Artemia-Sieb aufgefangen.*

unterschiedlich ist, sollten Sie darauf besonders achten. Meist ist die Qualität der in größeren Dosen angebotenen Zysten besser als die der kleineren Portionen. Umgerechnet sind sie auch weitaus preisgünstiger.

Zubehör zur Futterherstellung wie *Artemia*-Flaschen und -siebe gibt es im Fachhandel. Etwa ein halber bis ein Liter Wasser wird mit einem gehäuften Teelöffel Salz in eine *Artemia*-Flasche gegeben und von unten mittels einer kleinen Membranpumpe belüftet, sodass das Wasser leicht in Bewegung bleibt. Dort hinein gibt man einen gestrichenen Teelöffel *Artemia*-Zysten.

Die kleinen Nauplien schlüpfen nach ein bis zwei Tagen. Vor der Verfütterung stellt man die Pumpe ab. Die leeren Eihüllen sammeln sich oben, die Nauplien unten in der Flasche. Von dort kann man sie absaugen oder über einen Ablass unten in der Flasche entnehmen. Das Gemisch lässt man durch ein *Artemia*-Sieb laufen, von wo aus es dann direkt verfüttert werden kann. Es muss darauf geachtet werden, dass keine Zysten beziehungsweise ihre Schalen ins Aquarium gelangen.

TIPP

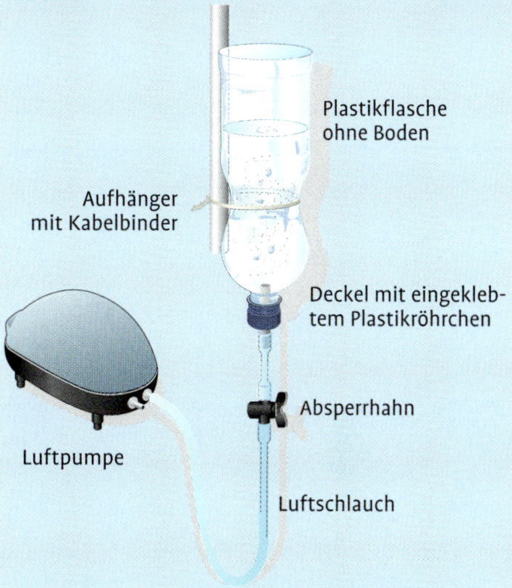

Mit einer derartigen *Artemia*-Flasche lassen sich Nauplien des Salinenkrebschens leicht zum Schlupf bringen. Allerdings sollten Sie die Luftpumpe vorsichtshalber höher als die Flasche aufhängen, damit bei einem Stromausfall eindringendes Wasser nicht später zum Kurzschluss führt.

Mikrowürmchen

Mikrowürmchen, die manchmal auch Mikroälchen genannt werden, werden je nach Art 1 bis 3 mm groß und sind sehr schlank. Sie sind recht fetthaltig und damit ein gehaltvolles Jungfischfutter, das von vielen Fischen schon direkt nach dem Schlupf bewältigt werden kann. Sie sinken schnell zu Boden, weshalb sie vornehmlich an Fische verfüttert werden, die ihre Nahrung in Bodennähe suchen. Mikrowürmchen überleben zwar länger im Aquarium als *Artemia*, sind jedoch spätestens nach einem halben Tag ebenfalls tot. Daher sollten Sie immer nur so viele Mikrowürmchen verfüttern, wie sofort gefressen werden.

MIKROWÜRMCHEN-ZUCHTANSATZ

Hafer-Schmelzflocken werden mit etwas Wasser etwa 5 mm hoch in ein Marmeladenglas oder ein gleich großes Gefäß mit Deckel gefüllt und vermischt, sodass ein zähflüssiger Brei entsteht. Darauf geben Sie maximal einen Viertelwürfel frischer Hefe, wobei auch eine entsprechende Menge an Trockenhefe geeignet ist.

Dann geben Sie Mikrowürmchen eines alten Ansatzes hinzu, die Sie entweder mit dem Löffel entnehmen oder mit etwas Wasser ausspülen. Diesen Ansatz halten Sie bei 20 bis 25 °C verschlossen, jedoch nicht luftdicht.

In einem frischen Ansatz vermehren sich die Mikrowürmchen sehr schnell und können meist schon am nächsten Tag zum ersten Mal geerntet und verfüttert werden. Die kleinen Würmchen steigen nämlich an der Gefäßwand hoch. Nur sie werden mit einem feinen Pinsel oder Wattestäbchen abgewischt. Dabei müssen Sie darauf achten, dass Sie keinen Brei mit aufnehmen.

Die vom Rand der Futterzucht aufgenommenen Würmchen können Sie, ohne sie zu waschen, direkt verfüttern. Die geringe Menge an Zuchtsubstrat, die noch an den Würmchen haftet, hat bei mir bisher keine Probleme verursacht, da ich regelmäßig das Wasser wechsle.

Möchten Sie die Geschwindigkeit des Aufstiegs der Würmchen beschleunigen, können Sie das Gefäß auf eine warme Unterlage stellen, zum Beispiel die Aquarienabdeckung. Wird der Brei zu flüssig, geben Sie einige trockene Haferflocken hinzu. Nach spätestens vier Wochen muss der Ansatz neu angesetzt werden.

Tümpelfutter

Als Tümpelfutter wird das Futter bezeichnet, das man selbst in der Natur fangen kann. Dazu gehören schwarze, weiße und rote Mückenlarven, Wasserflöhe und Hüpferlinge (*Cyclops*).

Für den Fang reichen bereits ein feinmaschiges Netz mit stabilem, langem Stiel und ein gut verschließbares Gefäß aus. Einen entsprechenden Kescher können Sie sich mit einer Nylon-Damenstrumpfhose auch selbst basteln.

ZU BEACHTEN

Da Fischnährtiere in Deutschland unter den Schutz des Fischereigesetzes fallen, dürfen Sie nicht einfach am nächsten Tümpel das Futter für Ihre Fische fangen. Je nach Bundesland gibt es unterschiedliche Verordnungen, wer unter welchen Voraussetzungen in welchem Gewässer tümpeln darf. Häufig sind die Voraussetzung ein Angelschein und die Erlaubnis des Fischereiberechtigten. Darüber hinaus dürfen natürlich keine geschützten Wassertiere gefangen und verfüttert werden.

Weiße Mückenlarven

Weiße Mückenlarven sind die Larven der Büschelmücke und in sauberen, unbelasteten Gewässern zu finden. Sie schwimmen frei im Wasser und können fast das ganze Jahr über in der Dämmerung und nachts gefangen werden. Die Mücken stechen nicht, aber die Larven leben räuberisch und können kleinen Jungfischen gefährlich werden. Manche Fische müssen sich erst an dieses Futter gewöhnen, da die Mückenlarven vor den Fischen fliehen und mit bis zu 15 mm Länge relativ groß sind.

Manchmal lassen sich die Mückenlarven in großen Mengen fangen und können bis zu eine Woche lang kühl aufbewahrt werden. Dazu geben Sie sie in eine flache Schale mit kaltem Wasser. Alternativ können Sie die Mückenlarven auf feuchtes Zeitungspapier legen und es zuklappen. Das Papier muss immer feucht gehalten und kühl gelagert werden. Auch die kleinen Beutel aus dem Handel können Sie etwa eine Woche lang im Kühlschrank aufzubewahren.

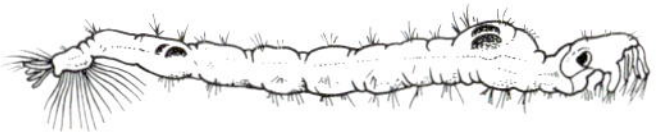

▲ ***Weiße Mückenlarven*** *kann man fast das ganze Jahr über fangen.*

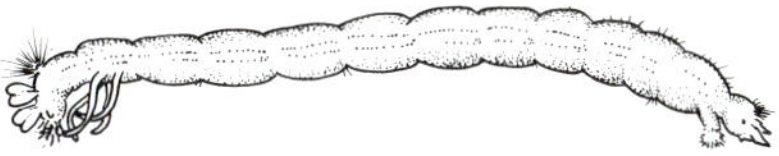

▲ ***Rote Mückenlarven*** *werden von vielen Fischen gern gefressen, können aber aus belastetem Wasser stammen.*

Rote Mückenlarven

Rote Mückenlarven werden in der Aquaristik oft verfüttert. Die durch einen dem Hämoglobin ähnlichen Farbstoff rot gefärbten und bis zu 2 cm großen Mückenlarven leben im Bodengrund von Gewässern. Sie können sehr gut in verschmutztem, sauerstoffarmem Wasser überleben und reichern dann Giftstoffe in ihrem Körper an. Somit kann es eine Gefahr für Ihre Tiere darstellen, wenn Sie Mückenlarven aus belastetem Wasser verfüttern. Beim Kauf müssen Sie daher darauf achten, nur Markenware aus spezieller Zucht zu erwerben. Denken Sie daran, die zu Ihren Tieren passende Larvengröße zu wählen, denn es gibt Mückenlarven von 5 bis 20 mm Länge.

Wasserflöhe

Wasserflöhe gibt es in verschiedenen Arten und Größen von bis zu 3 mm Durchmesser. Sie kommen in stehenden Gewässern vor und können dort besonders in den Sommermonaten manchmal in sehr großen Mengen gefangen werden. Sie sind Filtrierer, die sich von pflanzlichem Plankton ernähren. Grünliches, nährstoffreiches Wasser ist daher ideal für ihre Entwicklung.

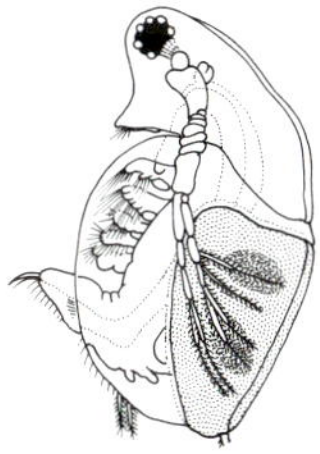

▲ ***Wasserflöhe*** *sollte man am besten unmittelbar nach dem Fang verfüttern.*

Wasserflöhe stellen ein ballaststoffreiches, aber nährstoffarmes Fischfutter dar. Wenn man sie kurz nach dem Fang mit noch vollem Darmtrakt verfüttert, sind sie besonders wertvoll. Eine Zucht von Wasserflöhen in der Regentonne oder im Gartenteich ist gut möglich, wenn genügend grüne Schwebealgen enthalten sind.

Schwarze Mückenlarven

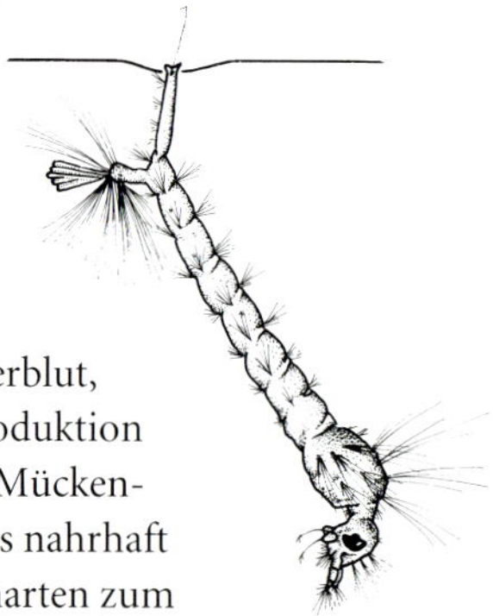

▲ **Schwarze Mückenlarven** *können sich leider zu Stechmücken entwickeln.*

Schwarze Mückenlarven sind die dunkel gefärbten Larven der verschiedenen Stechmückenarten. Nur Stechmückenweibchen saugen Säugetierblut, da sie es für die Eiproduktion brauchen. Schwarze Mückenlarven sind besonders nahrhaft und regen viele Fischarten zum Ablaichen an.

Bereits im zeitigen Frühjahr sind in Wasseransammlungen Mückenlarven zu finden. Wenn es wärmer wird, legen die Mücken ihre Eier an der Wasseroberfläche stehender Gewässer ab, wo sie sich temperaturabhängig innerhalb weniger Wochen entwickeln. Die Mücken erzeugen ovale Trauben von bis zu 300 Eiern, sogenannte Schiffchen. Diese können Sie bereits einsammeln und ebenfalls verfüttern. Da die Larven Luft atmen, treiben sie mit dem Hinterleib nach oben an der Wasseroberfläche. Sie ernähren sich von zerfallendem organischem Material. Im Fachhandel können Sie sie sie nicht kaufen, sodass Sie sie selbst fangen müssen.

GUT ZU WISSEN

Verfüttern Sie immer nur so viele Mückenlarven, wie auch gefressen werden, denn im warmen Aquarienwasser entwickeln sich die Larven meist innerhalb kurzer Zeit zu erwachsenen Stechmücken.

Ruderfußkrebse

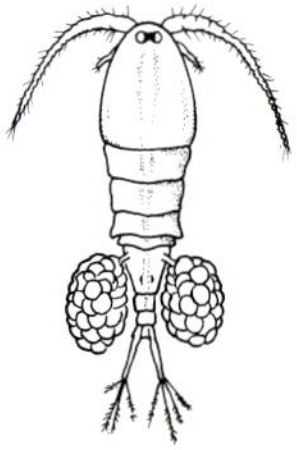

▲ **Hüpferlinge** *werden gern gefressen, vergreifen sich aber ihrerseits gelegentlich an Jungfischen.*

Ruderfußkrebse, auch Hüpferlinge genannt, verfüttern Aquarianer sehr gern an ihre Fische. Die meist weniger als 2 mm großen Tierchen sind leicht an ihren ruckartigen, hüpfenden Bewegungen zu erkennen, die ihnen den Namen gegeben haben. Die Weibchen tragen am Körperende zwei Eitrauben. Hüpferlinge können das ganze Jahr über in Teichen gefangen werden. Sie sind sehr nährstoffreich und müssen, da sie ständig in Bewegung sind, gezielt von den Fischen erbeutet werden. Sie werden oft mit ihrem wissenschaftlichen Namen als *Cyclops* bezeichnet. Da einige Hüpferlingsarten Parasiten sind, können sie Jungfischen gefährlich werden. Leider ist das für Laien ohne Mikroskop nicht zu erkennen. Vorsichtshalber sollte man Hüpferlinge in Aquarien, in denen sich sehr kleine Jungfische befinden, nicht verfüttern.

GUT ZU WISSEN

Wer nicht selbst Futter fangen kann oder will, der erhält Lebendfutter im guten Fachgeschäft bereits portioniert. Sie sollten allerdings darauf achten, dass die Tierchen kühl gelagert wurden und wirklich noch leben.

Vegetarisches für Wirbellose

Die in diesem Buch vorgestellten Krebse und Garnelen ernähren sich überwiegend von lebenden oder toten Pflanzen. Bei den Garnelen der Gattungen *Caridina* und *Neocaridina* spielen dabei Algen eine wesentliche Rolle. Höhere Pflanzen werden von ihnen nicht gefressen. Das tun allerdings viele Krebse. Die Krebse der in diesem Buch vorgestellten Gattung *Cambarellus* lassen Pflanzen dagegen normalerweise in Ruhe.

In der Natur leben Krebse und Garnelen häufig in Ansammlungen von Laub, das sich vollgesogen in ruhigen Gewässerzonen ansammelt und dort verrottet. Diese zerfallenden Pflanzen und die beteiligten Kleinstlebewesen werden gefressen und scheinen einen positiven Einfluss auf die Entwicklung und Häutung der Krebstiere zu haben.

An Wirbellose können herkömmliche Flocken-, Tabletten- und Granulatfutter verfüttert werden. Heute sind bereits spezielle Futter für Garnelen und Krebse im Handel. Ein höherer Zelluloseanteil und *Spirulina*-Algen als Bestandteil sind dabei häufige Kriterien, um sie als geeignet für Krebse und Garnelen anzupreisen. Gefrorene oder überbrühte Karotten, Erbsen, Petersilie, Spinat und Mangold sind ebenfalls geeignet, um Krustentiere zu ernähren.

GUT ZU WISSEN

Für das Aquarium eignen sich besonders Buchen- sowie Eichenlaub, das Sie im Herbst oder Winter im Wald sammeln können. Gut geeignet ist Laub vom Waldboden, das sich schon langsam zersetzt. Damit das Laub im Aquarium auch absinkt, kann man es längere Zeit in einem Eimer wässern oder abkochen.

▼ **Crystal-Red-Garnelen** *fressen neben anderem Gemüse auch gern Petersilie.*

Tiere

Tiere für das Nano-Aquarium

In diesem Teil des Buchs finden Sie die verschiedensten Tierarten, die sich für ein kleines Aquarium als geeignet erwiesen haben.

Nur für sehr wenige Tiere gilt, dass sie in Becken von weniger als 20 l Inhalt gepflegt werden können. Wenn ja, wird das bei den Beschreibungen entsprechend angegeben. Für kleine Fische sollte mindestens ein 30-l-Becken zur Verfügung stehen. Besser ist ein Aquarium mit mindestens 50 l Inhalt geeignet. Dann sind Sie bei ihrer Pflege flexibel und können möglicherweise mehrere Tiere oder Arten vergesellschaften. Gerade bei der Pflege von Fischen wird das Nano-Aquarium jedoch meistens nur eine Art, manchmal sogar nur Pärchen, beherbergen. In diesem Fall werden Nano-Aquarien auch für einen gezielten Zuchteinsatz verwendet. Beachten Sie bitte in diesem Fall, dass Sie weitere Becken zur Aufzucht einer manchmal nicht geringen Jungfischzahl bereithalten sollten.

Ich gebe hier im Wesentlichen Erfahrungen aus meiner eigenen aquaristischen Laufbahn wieder. Andere mögen andere Erfahrungen gemacht haben, aber das ist ja gerade das Interessante an der Aquaristik.

◂ **Red-Bee-Zwerggarnele** *und Pfauenaugenkärpfling lassen sich vergesellschaften, wenn man keinen großen Wert auf Garnelennachwuchs legt.*

AUSWAHL DER TIERE

Wenn Sie Fische und Wirbellose dauerhaft in kleinen Aquarien pflegen wollen, so sind folgende Aspekte zu beachten:

- geringe Größe der Tiere
- wenig Schwimmbedarf
- bei Haltung von mehreren Arten, Männchen oder Paaren eingeschränktes oder kein Revierverhalten, da wenig Ausweichmöglichkeiten zur Verfügung stehen
- außer- und innerartlich friedlich, um eine Vergesellschaftung auf kleinem Raum zu ermöglichen
- geringe Vermehrungsrate zur langfristigen Haltung ohne Zusatzaquarium
- wenig schreckhaft, da kaum Raum zum Verstecken zur Verfügung steht
- pflanzenverträglich, da Pflanzen für das biologische Gleichgewicht des Aquariums wichtig sind

Lebendgebärende Zahnkarpfen

Lebendgebärende Fische sind wohl die Klassiker, wenn es darum geht, Fische für das 60-cm-Einsteigerbecken auszusuchen. Schnell wird zu Guppy, Platy, Molly und Schwertträger gegriffen, sogar wenn das Aquarium für die Fische und ihren Nachwuchs zu klein ist. Sind Lebendgebärende, die sich angeblich wie die Guppys millionenfach vermehren, überhaupt für ein Nano-Aquarium geeignet? Ja mit Einschränkungen, denn es gibt einige Arten, die zwar etwas anspruchvoller als der Guppy (*Poecilia reticulata*), aber dennoch für 30-l-Aquarien geeignet sind.

Erwachsene Weibchen der Lebendgebärenden Zahnkarpfen tragen meist einen deutlichen Trächtigkeitsfleck, an dem sie von den Männchen zu unterscheiden sind. Männchen besitzen dagegen ein Gonopodium, die zum Begattungsorgan umgewandelte Afterflosse. Jungtiere kommen voll entwickelt zur Welt.

Endler-Guppy, *Poecilia wingei*

- **Beschreibung:** Die farblich sehr attraktiven Männchen werden bis zu 3 cm groß und besitzen neben der schillernden Körperzeichnung einen dunklen Fleck auf der Seite. Die Flossen sind kurz und nicht so intensiv gefärbt wie bei Hochzuchtguppys. Weibchen sehen in ihrem einheitlich grauen Farbkleid wie typische Wildguppy-Weibchen aus und erreichen Größen von 4 cm.

▼ ***Bei** einem stabilen Endler-Guppy-Stamm sind alle Männchen gleich gezeichnet.*

- **Vorkommen:** *Poecilia wingei* kommt aus Venezuela.
- **Pflege:** Es hat sich gezeigt, dass die Art weiches bis mittelhartes, leicht saures Wasser bevorzugt. Wichtig sind ein geringer Nitratgehalt und regelmäßige Wasserwechsel. Dabei sollten sich die Wasserwerte nicht zu extrem ändern. Diese dem Guppy sehr ähnlichen Fische bevorzugen viel freien Schwimmraum, ziehen sich aber gelegentlich auch in die Randbepflanzung zurück. Junge Endler-Guppys orientieren sich stark an der Oberfläche und suchen dort Schutz in den Schwimmpflanzen. Ein Aquarium für diese Fische wird mit feinen Hintergrundpflanzen eingerichtet, die sich auch über die Oberfläche ausbreiten können. Feine Holzwurzeln sowie Laub am Boden geben dem Aquarium Struktur und bieten den Weibchen Versteckplätze, falls die Männchen zu stark treiben. Ein pH-Wert um 6,5 und eine Temperatur um 25 °C sind für diese Art geeignet. Die Tiere fressen auch feines Trockenfutter, nehmen aber natürlich lieber kleines Lebendfutter an.
- **Zucht:** Endler-Guppys sind lebendgebärend, und stellen manchmal ihren eigenen Jungen nach. Daher ist eine dichte Schwimmpflanzendecke sinnvoll. Die Jungfische können abgefischt und getrennt von den Eltern aufgezogen werden. Sie fressen sofort kleine *Artemia*.

GUT ZU WISSEN

Neben der Wildform des Endler-Guppys gibt es verschiedene Zuchtformen, von der die am begehrtesten sind, die ein intensives Orange zeigen.

Pfauenaugenkärpfling
Micropoecilia picta

TIPP

Die Vergesellschaftung des Pfauenaugenkärpflings mit kleinen Harnischwelsen und Panzerwelsen ist gut möglich. Dabei darf man jedoch nicht der Versuchung erliegen, das Aquarium überzubesetzen.

- **Beschreibung:** Die Männchen des Pfauenaugenkärpflings werden bis zu 3,5 cm groß und besitzen in der oberen Schwanzflossenpartie den namengebenden Pfauenaugenfleck. Weibchen sehen in ihrem einheitlich grauen Farbkleid eher wie typische Wildguppy-Weibchen aus und erreichen Größen von 4,5 cm. Besonders attraktiv und begehrt ist die abgebildete Variante, deren Männchen leuchtend orangerot gefärbt sind.
- **Vorkommen:** Der Pfauenaugenkärpfling lebt in verschiedenen, oftmals leicht brackigen Biotopen in Venezuela und Guyana sowie in Trinidad und Tobago, also im Norden Südamerikas.
- **Pflege:** Wichtig für die erfolgreiche Pflege des Pfauenaugenkärpflings sind ein geringer Nitratgehalt und regelmäßige Wasserwechsel. Dabei sollten sich die Wasserwerte nicht zu extrem ändern. Diese dem Guppy sehr ähnlichen Fische bevorzugen viel freien Schwimmraum, ziehen sich aber gelegentlich auch in die Randbepflanzung zurück. Junge Pfauenaugenkärpflinge orientieren sich stark an die Oberfläche und suchen dort Schutz in den Schwimmpflanzen. Ein Aquarium für diese Kärpflinge wird mit feinen Hintergrundpflanzen eingerichtet, die sich auch über die Oberfläche ausbreiten können. Feine Holzwurzeln sowie Laub am Boden geben dem Aquarium Struktur und Versteckplätze für die Weibchen, falls die Männchen zu stark treiben. Ein pH-Wert um 6,5 und eine Temperatur um 25 °C sind für diese Art geeignet. Eine Fütterung vornehmlich mit Lebend- oder Frostfutter ist unumgänglich. Dabei werden schwarze Mückenlarven, kleine Wasserflöhe und *Artemia* besonders gern gefressen.
- **Zucht:** Pfauenaugenkärpflinge sind Lebendgebärende, die manchmal ihren eigenen Jungfischen nachstellen. Daher ist eine dichte Schwimmpflanzendecke sinnvoll. Die Jungfische können abgefischt und getrennt aufgezogen werden. Sie fressen sofort kleine *Artemia*-Nauplien.

▲ **Der Pfauenaugenkärpfling,** *Micropoecilia picta, ist in der roten Zuchtform sehr begehrt, lässt sich allerdings schwer über mehrere Generationen züchten.*

Zwergkärpfling
Heterandria formosa

GUT ZU WISSEN

Zwergkärpflingsweibchen setzen nicht alle Jungtiere auf einmal ab, sondern gebären über mehrere Tage hinweg immer nur ein bis zwei pro Tag. Dieses Phänomen bezeichnet man als Superfötation.

- **Beschreibung:** Der Zwergkärpfling gehört zu den kleinsten Lebendgebärenden Zahnkarpfen. Die Männchen werden nur etwa 2 cm und die Weibchen 3,5 cm groß. Auf gelblich braunem Körper verläuft ein breites, dunkles Längsband. Die Flossen sind transparent. Die Männchen sind schlank und besitzen ein Gonopodium, während die Weibchen fülliger sind.
- **Vorkommen:** Zwergkärpflinge kommen aus dem Südosten der USA und sind in ganz Florida verbreitet. Sie bewohnen stark verkrautete Teiche oder Tümpel und kommen nicht in Fließgewässern vor. In den Pflanzen suchen sie Schutz und kleines Lebendfutter.
- **Pflege:** Das Aquarium für diese geselligen Fische sollte dicht bepflanzt sein, denn sie sind keine Freiwasserschwimmer. Die Wasserwerte sind nebensächlich. So fühlen sich Zwergkärpflinge sowohl in weichem als auch in hartem Wasser bei einem pH-Wert um 7 wohl. Temperaturschwankungen über den Tag als auch über das Jahr hinweg fördern die Gesundheit. Es ist keine Heizung notwendig, wenn die Wassertemperatur zwischen 15 °C und 30 °C schwankt und normalerweise zwischen 20 °C und 25 °C liegt. Die Fische sollten in einer Gruppe gehalten werden, in der die Anzahl der Weibchen überwiegt, damit sie sich gelegentlich von den Zudringlichkeiten der Männchen ausruhen können. Als Futter wird kleines Lebendfutter wie *Cyclops*, *Artemia* oder Mikrowürmchen gereicht. Ebenso wird feines Staubfutter gefressen.
- **Zucht:** In dicht bepflanzten Becken ist die Zucht einfach, wenn viel kleines Lebendfutter angeboten wird und das Aquarium dicht bewachsen ist. Die Alttiere stellen dann den Jungfischen nicht nach.

▲ **Der Zwergkärpfling** *liebt dicht bepflanzte Aquarien.*

Zwergschwertträger

Xiphophorus pygmaeus

GUT ZU WISSEN

Leider machen oft die Männchen der Zwergschwertträger den größten Teil der Nachzuchten aus. Es muss rechtzeitig ein genügend großes Ausweichaquarium für die Jungfische zur Verfügung stehen, da das Nano-Aquarium für sie zu klein ist.

- **Beschreibung:** Der Zwergschwertträger ist die kleinste Schwertträgerart. Die Männchen werden 3,5 cm und die Weibchen 4,5 cm groß. Nur bei erwachsenen Männchen kann man die maximal 2 mm starke Verlängerung des unteren Teils der Schwanzflosse erkennen, die der Gattung den Namen gegeben hat. Dominante Männchen sind intensiv gelb gefärbt, wobei sie interessanterweise sogar häufig kleiner und schlanker als ihre unterlegenen Geschlechtsgenossen sind.
- **Vorkommen:** Zwergschwertträger wurden zuerst im Einzugsbereich des Rio Axtla im Norden Mexikos auf der Golfseite entdeckt. Sie kommen in den ruhigeren Zonen schnell fließender Flüssen zwischen ins Wasser ragenden Pflanzen vor.
- **Pflege:** Auch wenn Zwergschwertträger recht klein sind, so sind sie doch sehr aktive Schwimmer. Ein Aquarium mit 30 l Volumen sollte ein Heim für maximal ein Männchen und drei Weibchen sein. Die Weibchen müssen dabei in der Überzahl sein, da die Männchen heftig balzen und die Weibchen sich zwischendurch erholen müssen. Für die Pflege der Tiere sollte der pH-Wert leicht basisch sein (etwas über pH 7). Die Wassertemperatur kann zwischen 18 und 25 °C liegen. Das Aquarium muss dicht bepflanzt sein, damit sich die Weibchen und die Jungfische verstecken können. Es sollten *Cylops*, kleine Wasserflöhe und *Artemia*-Nauplien gefroren oder lebend angeboten werden. Gutes Trockenfutter wird von den Fischen ebenfalls angenommen. Wichtig ist eine regelmäßige Fütterung.
- **Zucht:** Wenn das Futter nährstoffreich ist, werden von den Weibchen einmal im Monat bis zu 15 Jungfische geboren, die mit etwa 5 mm Länge bereits recht groß sind. Da die Alttiere den Jungen nicht aggressiv nachstellen, werden in gut bepflanzten Aquarien bei regelmäßiger Fütterung mit passendem Futter immer einige Jungtiere groß. Abhängig von der Wassertemperatur und dem Futter sind sie bereits im Alter von drei bis vier Monaten geschlechtsreif.

▲ ***Dominierende*** *Zwergschwertträger-Männchen zeigen ein leuchtendes Gelb. Sie sind allerdings häufig kleiner und schlanker als die anderen Männchen.*

Barben und Bärblinge

Karpfenartige (Cypriniformes), zu denen die Barben und Bärblinge gehören, kommen in Europa, Asien und Afrika vor und dominieren vielfach die dortige Fischfauna. In Südostasien ist der Artenreichtum am größten. Von den Salmlern sind Barben und Bärblinge meist durch die fehlende Fettflosse zwischen Rücken- und Schwanzflosse zu unterscheiden. Einige Barbenarten besitzen Barteln am Maul.

Längsband-Zwergbärbling
Boraras urophthalmoides

- **Beschreibung:** Der Längsband-Zwergbärbling gehört mit weniger als 3 cm Größe zu den für die Nano-Aquaristik geeigneten Arten. Manchmal wird er auch Schwanzfleckbärbling genannt. Er zeichnet sich durch ein dunkles Längsband und einen Fleck auf der Schwanzwurzel aus. Die Männchen zeigen, wenn sie sich wohl fühlen, eine kräftigere rote Körperzeichnung. Die Weibchen sind dicker und nicht so intensiv gefärbt. Sie schwimmen sehr viel im freien Wasser und leben wenig versteckt.
- **Vorkommen:** Die Art ist in Südostasien weit verbreitet.
- **Pflege:** Den *Boraras*-Arten kommen eine dichte Hintergrundbepflanzung, freier Schwimmraum im Vordergrund und feine Pflanzen am Boden (zum Beispiel Javamoos) entgegen. Weiches Wasser bei pH-Werten um 6,5 sowie Temperaturen um 26 °C sind ideal. Bereits in kleinen Aquarien ab 20 l Volumen kann man eine kleine Gruppe von etwa 10 bis 15 Tieren sehr gut halten, denn die Fische mögen die Gesellschaft ihresgleichen und kommen in der Natur in größerer Anzahl als Gruppe vor. Die kleinen Längsband-Zwergbärblinge fressen am liebsten kleines Lebendfutter wie *Artemia*, kleine Wasserflöhe und *Cyclops*, nehmen aber auch feines Granulatfutter an.
- **Zucht:** Die Bärblinge laichen in feinen Pflanzen ab. In einer dicken Javamoosschicht werden immer wieder ein paar Jungfische groß, obwohl die Eltern ihren Eiern und kleinen Larven nachstellen.

TIPP

Gedämpftes Licht und dunkler Bodengrund sowie leicht bräunliches Wasser fördern das Wohlbefinden und unterstreichen die Farbenpracht der Zwergbärblinge.

▲ ***Der Längsband-Zwergbärbling*** *bevorzugt weiches Wasser.*

Ceylon-Zwergbarbe
Horadandia atukorali

TIPP

In Aquarien ab 30 l Volumen kann eine Gruppe von 10 bis 15 Ceylon-Zwergbarben mit einem Paar Schwarzer Spitzschwanzmakropoden (siehe S. 54) entsprechend ihrem natürlichen Vorkommen vergesellschaftet werden.

- **Beschreibung:** Die Ceylon-Zwergbarbe ist mit maximal 2,5 cm Länge die kleinste Barbe Sri Lankas. Die Männchen bleiben kleiner als die Weibchen, sind auch schlanker und in Balzstimmung etwas intensiver gefärbt. Die Fische werden mit weniger als zwei Jahren nicht sehr alt.
- **Vorkommen:** Die Ceylon-Zwergbarbe kommt im Küstenbereich Sri Lankas in den vielen kleinen Stauseen und Reisfeldzuflüssen vor. Dort halten sich die Fische im verkrauteten Uferbereich auf. Die Wasserwerte dürften um 25–28 °C bei pH 6–7 liegen.
- **Pflege:** Der Heimat dieser Fische sollte man Rechnung tragen und das Aquarium am Rand dicht bepflanzen. Bei dunklem Bodengrund und mäßiger Beleuchtung werden aus den ansonsten grauen Fischen gelblich grün glänzende Juwelen. Regelmäßige Wasserwechsel, ein pH-Wert von knapp unter 7, weiches Wasser und eine Temperatur um 25 °C sind bei diesen Fischchen sinnvoll. Die Fütterung erfolgt mit kleinem Lebend- oder Frostfutter. Trockenfutter wird nicht so gern angenommen.
- **Zucht:** Die Zucht ist nicht ganz so einfach und erfolgt am besten im Daueransatz im Haltungsbecken. Eine dichte Moosschicht dient dabei als Ablaichsubstrat und Zufluchtsort für die Jungfische. Die Eier werden von den Eltern gefressen, wobei sie im engen Pflanzengeflecht nicht alle finden werden. Die Jungfische sind sehr klein und ernähren sich zuerst von Infusorien. Sie werden mit Pantoffeltierchen gefüttert oder finden ausreichend Nahrung in den Pflanzen. Bei guter Pflege sind die Jungfische nach einem Vierteljahr fast so groß wie die Eltern.

▲ ***Die Ceylon-Zwergbarbe** fühlt sich in der Gruppe wohl und schwimmt gern im Schwarm. Einzeln sind die Tiere recht scheu.*

Kardinalfisch
Tanichthys albonubes

HINWEIS

Hält man mehrere Kardinalfisch-Männchen in einem Aquarium, stecken sie kleine Reviere ab und führen Imponiertänze vor ihren Rivalen auf.

- **Beschreibung:** Kardinalfische werden bis zu 5 cm groß. Häufig bleiben sie jedoch mit gut 4 cm etwas kleiner. Sie haben eine bräunliche Grundfarbe mit hellem Längsstreifen und etwas Rot in Schwanz- und Rückenflosse. Männchen sind intensiver gefärbt, während Weibchen durch den Laichansatz fülliger wirken.
- **Vorkommen:** Bergbäche in der Nähe von Hongkong (Südchina).
- **Pflege:** Da Kardinalfische schwimmfreudig sind und die Männchen die Weibchen sowie ihre Rivalen beim Balzen kräftig durch das Aquarium jagen können, muss diesen Bedürfnissen Rechnung getragen werden. Das Aquarium ist somit im Hintergrund und am Boden reichlich mit feinen Pflanzen zu versehen und beispielsweise durch feine Moorkienwurzeln zu strukturieren, denn Männchen besetzen kleine Reviere. Auf eine Heizung können Sie verzichten, denn die Fische bevorzugen Zimmertemperaturen um 20 °C. Langfristige Temperaturen über 25 °C mögen sie nicht, kränkeln dann leicht und werden nicht alt. Das Wasser kann weich bis hart bei einem pH-Wert um 7 sein. An Futter wird alles gefressen, was in das Maul passt, am liebsten natürlich Lebendfutter.
- **Zucht:** Die Zucht ist recht einfach. Nach heftigem Balzen und Treiben laicht das Paar in feinen Pflanzen ab. Der Laich wird gelegentlich gefressen, doch sollte trotzdem genügend Nachwuchs überleben. Die Jungen schlüpfen nach etwa zwei Tagen und werden nach dem Freischwimmen mit Pantoffeltierchen angefüttert. Meist finden sie allerdings in den feinen Pflanzen genug Erstnahrung. Nach einer Woche nehmen sie frisch geschlüpfte *Artemia*-Nauplien an.

▲ ***Kardinalfische*** *sollten nicht zu warm gehalten werden.*

Perlhuhnbärbling
Danio margaritatus

TIPP

Perlhuhnbärblinge sind allein gehalten extrem scheue Fische, die Sie in einem größeren Aquarium kaum zu Gesicht bekommen. Daher können Sie, um ihnen die Scheu zu nehmen, eine Gruppe von acht Tieren mit einem kleinen Schwarm *Boraras* vergesellschaften.

- **Beschreibung:** Der Perlhuhnbärbling, auch Galaxy-Bärbling genannt, erhielt seinen deutschen Namen aufgrund der hellen Punkte auf dunklem Untergrund, die an die Zeichnung der Perlhühner oder an eine Galaxie am Nachthimmel erinnern. Die Männchen haben intensiv rote Flossen, während die der Weibchen etwas blasser sind. Die Fische werden nur 3 cm groß und sind recht ängstlich. Der Perlhuhnbärbling ist auch unter dem wissenschaftlichen Namen *Celestichthys margaritatus* bekannt.
- **Vorkommen:** Der kleine Bärbling wurde erst 2006 entdeckt und kommt – anders als anfangs vermutet – in einem größeren Gebiet in Myanmar und Thailand vor. Da die Fische Höhenlagen um 1000 m bewohnen, ist das Wasser in ihrem Lebensraum mit 22 bis 24 °C nicht sonderlich warm.
- **Pflege:** Eine sehr dichte Bepflanzung bis unter die Wasseroberfläche ist im hinteren Bereich des Nano-Aquariums absolut notwendig, damit sich die zurückhaltenden Fische vor neugierigen Blicken schützen können. Ein dunkler Bodengrund wirkt bei dieser Art ebenfalls farbfördernd. Die Fische sind anspruchslos und lassen sich in mittelhartem Wasser bei pH-Werten um 7 gut halten und züchten. Die Temperatur sollte nicht zu hoch sein und kann um 23 °C liegen. Die Fütterung erfolgt mit feinem Lebendfutter. Frostfutter und feines Trockenfutter werden ebenfalls gefressen.
- **Zucht:** Die Bärblinge laichen bei regelmäßigen Wasserwechseln bereitwillig in feinen Pflanzen ab. Sie sind nach eigener Erfahrung allerdings extreme Laichfresser, die kaum ein Ei übersehen. Jungfischen wird dagegen nicht nachgestellt. Die Aufzucht der Kleinen erfolgt in den ersten Tagen mit Pantoffeltierchen und später mit *Artemia*-Nauplien.

▲ ***Der Perlhuhnbärbling*** *wurde erst im Jahr 2006 entdeckt.*

TIPP

Wird das Wasser mit Erlenzäpfchen oder etwas Torf bräunlich gefärbt, wirken die Farben vieler Salmler noch intensiver. Das Aquarium sollte nicht zu intensiv beleuchtet werden.

◂ ***Funkensalmler*** *mögen Aquarien, die nicht zu hell beleuchtet sind.*

Salmler kommen aus den tropischen Seen und Flüssen Mittel- und Südamerikas sowie aus Zentralafrika. Die meisten Salmler tragen eine kleine Fettflosse zwischen Rücken- und Schwanzflosse. Neben über 1 m groß werdenden Arten gibt es nur wenige Zentimeter große, die für die Nano-Aquaristik gut geeignet sind. Meist denken wir, dass Salmler Schwarmfische seien, was jedoch oft nicht der Fall ist. So sind einige der bekannten Arten in der Natur sogar territorial und versuchen auch im Aquarium, kleine Reviere zu bilden. Informieren Sie sich daher genau über die gewünschte Art.

Funkensalmler

Hyphessobrycon amandae

- **Beschreibung:** Der Funkensalmler wird auch als Feuer- oder Erdbeersalmler bezeichnet. Die Fische werden nur bis zu 3 cm groß und sind unterschiedlich intensiv orange gefärbt. Meist zeigt das Männchen mehr Farbe, während das Weibchen fülliger und etwas größer ist. Je wohler sich die Tiere fühlen, desto intensiver ist die Färbung.
- **Vorkommen:** Funkensalmler kommen aus dem Araguaia-Flussbecken im Einzugsbereich des Rio das Mortes im Staat Mato Grosso (Brasilien).
- **Pflege:** Dunkler Bodengrund, eine dichte Hintergrundbepflanzung und schwach saures Wasser um pH-Wert 6 sind zu empfehlen. In einem 30-l-Becken kann eine Gruppe von zehn Tieren gehalten werden. Eine Wassertemperatur um 26 °C ist ideal. Gefüttert wird mit kleinem Lebend- oder Frost- sowie feinem Flockenfutter.
- **Zucht:** Funkensalmler laichen in sauberem und saurem (pH-Wert 5,5) Wasser bei Temperaturen um 27 °C. Feine Pflanzen wie Javamoos dienen als Laichsubstrat. Die Eltern stellen den Eiern nach. Ist die Schicht aus feinen Pflanzen allerdings dicht genug, werden nicht alle Eier gefunden, und die Jungfische können sich in ihrem Schutz entwickeln. Anfangs finden sie im alteingerichteten Aquarium kleinstes Futter oder werden mit Pantoffeltierchen ernährt. Nach einigen Tagen fressen sie bereits *Artemia*-Nauplien.

Zwergziersalmler

Nannostomus marginatus

GUT ZU WISSEN

Die Jungfische der Ziersalmler sind sehr klein und haben ein kleines Maul, weshalb sie in den ersten Tagen mit Infusorien wie zum Beispiel Pantoffeltierchen gefüttert werden müssen, die sie allerdings auch in einem schon längere Zeit eingerichteten Aquarium in ausreichender Menge finden.

- **Beschreibung:** Der Zwergziersalmler wird bis knapp über 3 cm groß. Die Tiere zeigen eine deutliche dunkle Längszeichnung, einige rote Flecke und sind recht schlank. Die Weibchen sind etwas fülliger als die Männchen. Die Fische haben wie alle Ziersalmler ein kleines Maul.
- **Vorkommen:** Zwergziersalmler bewohnen abgeschattete Uferbereiche der Fließgewässer im nördlichen Amazonas-Einzugsgebiet.
- **Pflege:** Damit die Fische richtig zur Geltung kommen, sollte das Aquarium dicht bepflanzt sein und ausreichenden Schwimmraum aufweisen. Dunkler Bodengrund und eine nur mäßige Beleuchtung sind von Vorteil. Das Wasser sollte weich und mit einem pH-Wert um 6,5 leicht sauer sein. Gefüttert wird mit feinem Lebend- und Frostfutter (*Cyclops* und schwarze Mückenlarven). Gute Granulat- und Flockenfutter werden ebenso angenommen.
- **Zucht:** Zur Zucht werden die Temperatur leicht erhöht und der pH-Wert auf unter 6 abgesenkt. Männchen in Brutstimmung bilden kleine Reviere, worauf besonders geachtet werden muss. In einem Aquarium von bis zu 30 l Inhalt ist die Zucht mit nur einem Männchen angebracht. Mit Lebendfutter, vor allem schwarzen Mückenlarven, wird das Ablaichen in feinfiedrigen Pflanzen angeregt. Da die Ziersalmler Laichräuber sind, kommen meist nur wenig Jungfische zum Schlupf.

▲ ***Ein dicht bepflanztes*** *Aquarium ist für den Zwergziersalmler ideal.*

TIPP

Am produktivsten ist die Aufzucht, wenn man das Schaumnest mit den Jungfischen in ein gesondertes Aufzuchtbecken überführt.

Labyrinthfische stammen aus Asien und Afrika. Sie besitzen zusätzlich zu den Kiemen ein Labyrinthorgan, mit dem sie Luft von der Wasseroberfläche atmen können. Daher überleben viele Arten auch in sauerstoffarmem Wasser, wie warmen oder langsam fließenden bis stehenden Gewässern. Solche Extrembedingungen kommen allerdings nicht bei allen Arten vor. Viele Labyrinthfische sind uns als Schaumnestbauer bekannt, andere sind Maulbrüter und nur wenige laichen frei zwischen den Pflanzen ab. Die meisten betreiben Brutpflege und besetzen während dieser Zeit ein Revier. Typisch bei der Paarung ist, dass das Männchen das Weibchen umschlingt.

Honiggurami
Trichogaster chuna

- **Beschreibung:** Der auch unter dem wissenschaftlichen Namen *Colisa chuna* bekannte Honiggurami bleibt mit maximal 5 cm klein. Während der Balz sind die Geschlechter einfach zu unterscheiden, da die Männchen dann kräftig orangerot gefärbt sind. Sie zeigen nun außerdem eine golden leuchtende Rückenflosse und ihre Unterseite ist schwarz. Die Weibchen sind durchgehend bräunlich hellgrau mit einem nicht immer gut zu erkennenden dunklen Längsstreifen. Diese Färbung zeigen auch die Männchen, wenn sie unterdrückt werden oder sich nicht wohlfühlen, was in Händlerbecken in der Regel der Fall ist.
- **Vorkommen:** Der Honiggurami kommt aus ruhigen, flachen Gewässern Nordostindiens.
- **Pflege:** Für die erfolgreiche Pflege ist ein verkrautetes Aquarium mit Schwimmpflanzendecke sinnvoll. Das Becken sollte nicht zu hell sein. Feine Morkienholzwurzeln strukturieren das Becken. Die Temperatur sollte um 25 °C liegen, während ein pH-Wert um 6,5 angebracht ist. Als Futter wird natürlich Lebendfutter, zum Beispiel Mückenlarven, bevorzugt, aber in der Regel nehmen die Honiggouramis ebenso handelsübliches Flockenfutter.
- **Zucht:** Das Männchen baut ein Schaumnest aus Luftblasen, was durch leichte Wasserabsenkung und Temperaturerhöhung auf 28 °C angeregt werden kann. Abgelaicht wird unter dem Nest. Das Männchen bewacht das Schaumnest, das die kleinen Fadenfische nach etwa vier Tagen verlassen. Sie fressen anfangs Kleinstfutter wie Räder- und Pantoffeltierchen und nehmen nach einer Woche frisch geschlüpfte *Artemia*-Nauplien an.

▲ ***Honiggurami-Männchen*** *bauen zur Eiablage Schaumnester an der Wasseroberfläche.*

Schwarzer Spitzschwanzmakropode

Pseudosphromenus cupanus

GUT ZU WISSEN

Mehrere Männchen des Schwarzen Spitzschwanzmakropoden in einem Becken bereiten keine Probleme, wenn sich die Tiere in Pflanzen oder Höhlen zurückziehen können. Anderen Beckeninsassen wie kleinen Bärblingen gegenüber verhalten sie sich ebenfalls friedlich.

- **Beschreibung:** Schwarze Spitzschwanzmakropoden werden bis zu 6 cm groß und sind dunkel gräulich gefärbt. Bauchflossen und Augen sind rot. Afterflosse und Schwanzflosse weisen einen rötlichen Schimmer auf und sind beim Männchen bläulich gesäumt. Bei der Paarung wird das Weibchen schwarz, woher auch der deutsche Name rührt. Das Männchen ist farbiger und hat meist eine etwas länger ausgezogene Rückenflosse.
- **Vorkommen:** Schwarze Spitzschwanzmakropoden bewohnen verkrautete und flache Randbereiche stehender Gewässer Südindiens und Sri Lankas.
- **Pflege:** Das Aquarium sollte dicht und bis unter die Wasseroberfläche bepflanzt sein. Ein Teil des Aquariums sollte allerdings ausreichend Schwimmraum bieten. Versteckplätze aus Kokosnussschalen oder dichte Moospolster dienen als Rückzugsmöglichkeiten. Das Becken kann intensiv beleuchtet werden, wenn es auch ein paar dunklere Stellen gibt. Das Wasser kann weich bis mittelhart sein und eine Temperatur zwischen 25 °C und 27 °C aufweisen. Der pH-Wert sollte um 7 liegen. Spitzschwanzmakropoden fressen neben Lebend- auch Flockenfutter und verschiedene Granulate, vorzugsweise von der Wasseroberfläche.
- **Zucht:** Die Fische bauen ein Schaumnest aus Luftblasen in Kokosnussschalen oder anderen Höhlen, nur selten an der Wasseroberfläche. Auch in dichten Javamoospolstern nahe der Wasseroberfläche legen sie kleine Hohlräume an und laichen dort ab. Die Eier sind weiß und werden vom Männchen betreut. Der Schlupf erfolgt nach etwa zwei Tagen. Die Jungfische fressen zuerst Kleinstfutter wie Pantoffeltierchen und nehmen nach einer Woche frisch geschlüpfte *Artemia*-Nauplien an. Im Aquarium werden bei teils dichter Bepflanzung immer einige Jungfische groß, ohne dass sie von ihren Eltern behelligt werden.

▲ ***Das Pseudosphromenus-cupanus-Männchen*** *betreut das Schaumnest mit den weißen Eiern in einer Kokosnusshälfte.*

HINWEIS

In einem 20-l-Aquarium hält man als Zuchtansatz ein Kap-Lopez-Männchen und zwei bis drei Weibchen. Mehrere Männchen zeigen ihr interessantes Imponiergehabe, doch sollten Sie Acht geben, dass kein Tier unterdrückt wird.

Als Killifische werden die Eierlegenden Zahnkarpfen bezeichnet. Die ersten wurden in den Entwässerungsgräben (holländisch Kills) der holländischen Kolonien in Nordamerika gefunden. Eierlegende Zahnkarpfen kommen in über 770 Arten auf allen Kontinenten mit Ausnahme Australiens in den Subtropen und Tropen vor. Die farbenprächtigsten Arten stammen aus den tropischen Gebieten Afrikas und Amerikas, wo die meisten von ihnen kleine Bäche und Rinnsale besiedeln. Einige Arten sind Saisonfische, die in der Regenzeit Dauereier legen. Diese Eier überstehen die Trockenzeit im Bodengrund, während die Eltern im austrocknenden Gewässer verenden.

Die meisten Killifische sind Einzelgänger. Sie können sowohl gegenüber Artgenossen als auch gegenüber artfremden Fischen aggressiv sein, weshalb Sie in einem Nano-Aquarium vorzugsweise nur ein Männchen mit mehreren Weibchen einer Art halten sollten. Natürlich kommen nur kleine Arten dafür in Frage.

▲ ***Kap-Lopez-Prachtkärpflinge** sollten nicht bei zu hohen Temperaturen gepflegt werden.*

Kap-Lopez-Prachtkärpfling
Aphyosemion australe

- **Beschreibung:** Dieser Prachtkärpfling wird bis zu 6 cm groß und ist insbesondere im männlichen Geschlecht sehr farbenprächtig. Die Männchen haben lang ausgezogene Flossen, während die der Weibchen rundlich sind. Die Schwanzflosse der Männchen weist einen rotgelben Abschluss sowie oben und unten weiße Flossenspitzen auf. Auf dem farbigen Körper befinden sich rote Punkte. Einer gelben Zuchtform fehlt die dunkle Grundfarbe.
- **Vorkommen:** Der Name „Kap Lopez" beschreibt das Fanggebiet Kap Lopez nordwestlich der Stadt Port Gentil in Gabun. Tatsächlich ist dieser Killifisch von Nordgabun bis in die südlichste Demokratische Republik Kongo verbreitet. Er ist meist in langsam fließenden verkrauteten Gewässern mit Mulm und Pflanzenresten am Boden zu finden.
- **Pflege:** Für die Einrichtung des Aquariums eignen sich Javamoos und andere feinfiedrige Pflanzen. Etwas Fasertorf und Laub am Aquarienboden ahmen die natürlichen Biotope

nach. Dunkler Bodengrund und nicht zu helle Beleuchtung verstärken die Farben der Fische. Dieser Killifisch sollte bei Temperaturen um 22 °C, also nicht zu warm gehalten werden. Weiches bis mittelhartes Wasser im leicht sauren Bereich um pH-Wert 6 ist passend. Die Fütterung erfolgt möglichst mit feinem Lebendfutter wie *Cyclops*, schwarzen Mückenlarven, kleinen Wasserflöhen oder *Artemia*. Wurmfutter wie Enchyträen oder *Tubifex* sollte man nur selten füttern, damit die Tiere nicht verfetten. Frostfutter wird ebenfalls gefressen, Flockenfutter allerdings nur selten angerührt.

- **Zucht:** Die Fische laichen nach interessanter Balz in feinen Pflanzen ab. Die Eier können abgesammelt und, wie bei einigen Killifischen üblich, in feuchten Torf überführt werden. Geschützt von einer Plastiktüte entwickeln sie sich in einem Zeitraum von einigen Wochen. Gibt man die Eier dann ins Wasser, verlassen die Jungfische nach kurzer Zeit die Eihülle. Sie können mit frisch geschlüpften *Artemia*-Nauplien aufgezogen werden. Alternativ belässt man die Eier im Aquarium, und nach etwa zwei Wochen schlüpfen die Jungen. Sie müssen nach dem Freischwimmen gefüttert werden.

TIPP

Einen Wollmopp, in dem Killifische ablaichen können, kann man einfach selbst herstellen. Dazu nimmt man dicke Wolle aus dunkler Kunstfaser, die nicht färbt. Nun schneidet man 30 cm lange Fäden ab. Einen Bund aus 30 bis 50 Fäden legt man in der Mitte um einen Weinkorken und bindet ihn mit einem Faden fest. Diesen Mopp hängt man an einer dunklen Stelle mit etwas Strömung ins Aquarium. Die unempfindlichen Eier kann man vom Mopp absammeln.

Ringelhechtling
Pseudepiplatys annulatus

- **Beschreibung:** Der Ringelhechtling wird bis zu 4 cm groß. Charakteristisch sind seine vier dunklen Querbinden auf hellem Untergrund. Die Augen sind leuchtend blaugrün. Wie alle Hechtlingsarten hat der Ringelhechtling eine schlanke Gestalt und ein oberständiges Maul. Das Männchen ist an seinen farbigen, ausgezogenen Flossen zu erkennen. Die Art ist sehr friedlich, und auch die Männchen imponieren untereinander nur und verletzen sich nicht.
- **Vorkommen:** Ringelhechtlinge kommen aus der Küstenregion Westafrikas an verschiedenen Standorten vor, die sich auch durch ihre Zeichnung unterscheiden. Diese Standortvarianten sollten nicht miteinander vermischt werden.

GUT ZU WISSEN

Bei der Pflege von Hechtlingen sollten Sie das Aquarium abdecken, da sie gute Springer sind.

▲ **Der Ringelhechtling** *ist sehr oberflächenorientiert. Männchen zeigen farbige, ausgezogene Schwanzflossen.*

- **Pflege:** Da sich die Hechtlinge meist in der Nähe der Wasseroberfläche aufhalten, muss das Aquarium nicht hoch sein. Einige Schwimmpflanzen, unter denen die Tiere Schutz finden, sollten einen Teil der Oberfläche abdecken. Außerdem sind feine Wasserpflanzen wie Javamoos sinnvoll, da sie als Laichsubstrat dienen. Ist das Aquarium schwach beleuchtet und besitzt es Schwimmpflanzen und dunklen Bodengrund, fühlen sich die Tiere wohl.
  Weiches bis mittelhartes Wasser bei pH-Werten um 6,5 sowie Temperaturen um 24 °C sind für die Fische geeignet. Lebendfutter wie *Artemia* oder *Cyclops* werden gern gefressen. Auch feines Granulat oder Flockenfutter werden meist von der Oberfläche angenommen.
  In einem flachen 20-l-Aquarium kann eine Gruppe von zwei Männchen und vier Weibchen gepflegt werden.
- **Zucht:** Fühlen sich die Fische wohl, laichen sie bei regelmäßigem Wasserwechsel und kräftiger Fütterung mit Lebendfutter in feinen Pflanzen ab. Die Eier sind sehr klein. Die Jungfische schlüpfen nach etwa zehn Tagen. Die kleinen Hechtlinge können noch keine frisch geschlüpften *Artemia* fressen, weshalb sie mit Pantoffeltierchen gefüttert werden. Allerdings finden sie meist in den feinen Pflanzen ausreichend Kleinstlebewesen. Die Eltern stellen ihren Jungen normalerweise nicht nach, weshalb ohne Abfischen der kleinen Hechtlinge immer wieder Jungfische bei den Alten groß werden.

TIPP

Regelmäßige Wasserwechsel mit kälterem Wasser und eine gute Fütterung mit Mückenlarven und *Tubifex* fördern die Laichbereitschaft. Die Aufzucht der Jungen erfolgt in Gesellschaft der Eltern mit *Artemia*-Nauplien.

Panzerwelse gehören zu den beliebtesten Aquarienfischen. Fast in jedem Gesellschaftsbecken findet man eine der bodenorientierten Arten. Die normalerweise zwischen 5 cm und 8 cm großen Arten werden zur Belebung des unteren Aquarienbereiches und als Resteverwerter eingesetzt. Dass es auch kleinere Arten mit besonderem Verhalten gibt, möchte ich hier zeigen.

Zwergpanzerwels

Corydoras pygmaeus

- **Beschreibung:** Charakteristisch für den nur etwas über 2 cm groß werdenden Zwergpanzerwels ist der von der Schnauzenspitze bis zur Schwanzwurzel verlaufende dunkle Streifen. Die Geschlechter sind nicht immer einfach zu unterscheiden. Weibchen werden größer und wirken fülliger, während die Männchen schlanker und kleiner sind. *Corydoras pygmaeus* halt sich gern in den Pflanzen auf und liegt dort auf den Blättern.
- **Vorkommen:** *Corydoras pygmaeus* kommt aus dem Rio-Madeira-Einzugsgebiet.
- **Pflege:** Das Aquarium sollte mit nicht zu feinen Pflanzen und Wurzeln strukturiert sein. Freier Schwimmraum und Rückzugsmöglichkeiten sind in gleicher Weise notwendig. Die Wassertemperatur sollte um 25 °C und der pH-Wert um 6,5 liegen. Weiches bis mittelhartes Wasser ist am besten geeignet.
Die Fische fressen gefrorene *Cyclops* oder *Artemia*-Nauplien, feines Granulat- oder Flockenfutter sowie Futtertabletten.
- **Zucht:** Die Zucht ist in einem Artbecken einfach. Nach einer Zeit geringer und eiweißarmer Fütterung tut man den Fischen etwas Gutes und bietet ihnen gefrorene schwarze Mückenlarven und *Cyclops* an. Ein umfangreicher Wasserwechsel von 80 % mit fünf Grad kälterem Wasser fördert die Laichbereitschaft. Die Eier werden einzeln oder in geringer Anzahl an die Pflanzen geheftet. Eier und Jungfische werden von den Alttieren kaum behelligt. Die Aufzucht erfolgt mit frisch geschlupften *Artemia* oder feinem Kunstfutter beziehungsweise Futtertabletten.

▲ ***Zwergpanzerwelse*** *halten sich gern zwischen den Pflanzen auf.*

Marmorierter Zwergpanzerwels
Corydoras habrosus

GUT ZU WISSEN

Aufgrund des unterständigen Mauls nehmen Panzerwelse das Futter am liebsten vom Boden auf. Darauf sollte man bei der Vergesellschaftung mit anderen Fischen achten.

- **Beschreibung:** Marmorierte Zwergpanzerwelse bleiben mit gut 3 cm Gesamtlänge im weiblichen Geschlecht und 2,5 cm bei den Männchen recht klein. Auf hellem Grund zeigen sie eine marmorierte, dunkle Zeichnung mit angedeutetem, breitem Längsband an der Seite.
- **Vorkommen:** Der Marmorierte Zwergpanzerwels lebt in Flüssen und Bächen des tropischen Südamerikas, zum Beispiel im Orinoko, im Rio Casanare, im Rio Salinas und im Rio Pajo Viejo.
- **Pflege:** *Corydoras habrosus* ist ein bodenorientierter Fisch. Daher sollte das Aquarium nicht zu dicht bepflanzt werden, damit noch genügend Platz auf dem Boden bleibt. Schwimmpflanzen oder auf Wurzeln aufgebundene Pflanzen lassen ebenso am Boden genügend Platz. Feiner, auf keinen Fall kantiger Kies und Sand sollten für die Einrichtung ausgewählt werden, da sich die Tiere sonst die empfindlichen Barteln verletzen können. Eine kleine Gruppe *Corydoras habrosus* sollte mindestens acht Tiere umfassen. Eine Vergesellschaftung ist gut mit kleinen Salmlern oder Bärblingen sowie Lebendgebärenden oder kleinen Hechtlingen möglich. Weiches bis mittelhartes Wasser bei einem pH-Wert zwischen 6 und 7 sowie Temperaturen um 24 °C sind empfehlenswert. Gefüttert werden die Zwergpanzerwelse mit feinem Frost-, Lebend- oder Kunstfutter sowie Granulaten oder Futtertabletten.
- **Zucht:** Die Zucht ist im Artaquarium recht einfach. In einem gut bepflanzten Becken mit Eichen- oder Buchenlaub am Boden legen die Marmorierten Zwergpanzerwelse die Eier einzeln in den Pflanzen oder unter den Blättern ab. Die kleinen Jungfische können sich im Pflanzenwirrwarr gut verstecken und finden dort ausreichend Erstnahrung.

▲ ***Der Marmorierte Zwergpanzerwels** lebt überwiegend am Boden.*

Harnischwelse sind Welse mit einem Saugmaul, mit dem sie in der Strömung Halt finden können. Der Begriff „Harnisch" bezieht sich auf die feste Panzerung der Tiere, ähnlich wie bei den Panzerwelsen. Harnischwelse leben substratgebunden und ernähren sich unterschiedlich, sowohl von Aufwuchsnahrung wie Algen, von Holz oder von Insekten. Unter ihnen eignen sich wohl nur die kleinen Ohrgitterharnischwelse der Gattungen *Otocinclus* und *Parotocinclus* für die Pflege im Nano-Aquarium. *Ancistrus*-Arten werden für Nano-Aquarien zu groß, aber es können *Ancistrus*-Jungfische eingesetzt werden. Einer Dauerhaltung der bis auf wenige Arten mindestens 8 cm groß werdenden Antennenwelse ist im Nano-Aquarium jedoch kaum möglich.

Ohrgitterharnischwels, *Otocinclus* sp.

- **Beschreibung:** Einige Arten der Gattung *Otocinclus* sind mit ihrem Längsstreifen sehr ähnlich gezeichnet und nur schwer zu unterscheiden. Dazu gehören *Otocinclus hoppei*, *O. macrospilus* und *O. vittatus*. Die Geschlechter sind schwer zu erkennen. Weibchen werden mit knapp über 4 cm etwas größer und sind kräftiger als die Männchen.
- **Vorkommen:** Ohrgitterharnischwelse stammen aus dem südamerikanischen Amazonas-Einzugsgebiet.
- **Pflege:** Den substratorientierten Fischen sollte man breitblättrige Pflanzen, Wurzeln sowie glatte Steine anbieten. Dunkler Bodengrund lässt ihre kontrastreiche Zeichnung besser wirken. Mit Moorkienholz können weitere Aufenthaltsorte geschaffen werden. Weiches bis mittelhartes, leicht saures Wasser (der pH-Wert sollte um 6,5 liegen) mit einer Temperatur um 25 °C ist für die Welse angebracht. Die Tiere bevorzugen natürlichen Aufwuchs und fressen am liebsten kleine Grünalgen. Daher sollten Sie ihnen Futtertabletten auf pflanzlicher Basis oder überbrühten Salat oder Spinat anbieten. Feines Lebend- oder Frostfutter wie *Artemia*-Nauplien oder *Cyclops* werden ebenso gefressen.

▲ ***Ohrgitterharnischwelse** ruhen sich gern auf Blättern aus.*

Zwergbuntbarsche

▼ **Männchen** des Schmetterlingsbuntbarschs, *Mikrogeophagus ramirezi*, mit Jungfischen.

TIPP

Da es bei Buntbarschen unter den Partnern zu Aggressionen kommen kann, muss für Notfälle ein Ausweichaquarium zur Verfügung stehen.

Als Zwergbuntbarsche werden kleine Buntbarsche von weniger als 10 cm Größe bezeichnet. Viele davon gehören der südamerikanischen Gattung *Apistogramma* an. Buntbarsche zeigen häufig ein territoriales Verhalten, weshalb in einem kleinen Aquarium nur ein Paar gehalten werden kann. Eine dichte Bepflanzung und Verstecke sind notwendig. Bei den hier genannten Arten ist es meist möglich, ein Paar in einem 30-l-Aquarium zu pflegen und sogar zur Zucht zu bewegen. Wichtig ist dabei eine große Aquariengrundfläche. Die selbstständigen Jungfische müssen jedoch in ein anderes Aquarium umgesetzt werden.

Gelber Zwergbuntbarsch
Apistogramma borellii

GUT ZU WISSEN

Gelbe Zwergbuntbarsche, die von ihren Eltern aufgezogen wurden, sind meist selbst ebenfalls gute Eltern.

- **Beschreibung:** Gelbe Zwergbuntbarsche werden im männlichen Geschlecht bis zu 6 cm groß. Die Weibchen bleiben mit 4 cm kleiner, wie es bei allen *Apistogramma*-Arten üblich ist. Während die Weibchen zur Brut das klassische Gelb mit einem zickzackförmigen Längsstreifen zeigen, haben die Männchen einen blaumetallischen Körper. Der Kopf ist kräftig gelb gefärbt, wobei sich bei einigen Exemplaren und Zuchtformen das Gelb über den ganzen Körper ziehen kannn. Die Schwanzflosse ist groß und rund, während die Rückenflosse hoch und lang nach hinten ausgezogen ist.
- **Vorkommen:** Die Art kommt aus dem brasilianischen Mato Grosso sowie den Quellbereichen und oberen Zuflüssen des Rio Paraguay und Rio Parana.
- **Pflege:** Die Haltung erfolgt paarweise in einem gut mit Wurzeln und Pflanzen strukturierten Aquarium. Größere Blätter von Eichen, im Herbst gesammelt, imitieren den natürlichen Lebensraum. Eine Grundfläche um 1000 cm^2 sollte vorhanden sein, da die Tiere sehr bodenorientiert leben. Die Höhe des Aquariums ist zweitrangig. Höhlen aus kleinen, halbierten Kokosnüssen oder Ton dürfen als Versteck und als Laichplatz nicht fehlen. Das Wasser sollte weich bis mittelhart und leicht sauer (um pH 6) sein. Mit etwa 23 °C muss die Temperatur nicht sonderlich hoch sein. Als Futter nehmen die Tiere jegliches Kunst- sowie Frost- und Lebendfutter an.
- **Zucht:** Die Art ist ein Höhlenlaicher. Das Weibchen übernimmt die Betreuung der Jungfische, während das Männchen das Revier verteidigt. Ohne Feindfische, wie es in einem Nano-Aquarium der Fall ist, kann es vorkommen, dass sich der Vater ebenfalls an der Betreuung der Brut beteiligt.

▲ ***Der Gelbe Zwergbuntbarsch** gehört zu den kleinen, friedlichen Buntbarscharten.*

Gebänderter Schneckenbuntbarsch
Neolamprologus brevis

TIPP

Schneckenbuntbarsch-Jungfische sollte man bald nach dem Verlassen des Schneckenhauses herausfangen und gesondert aufziehen, denn ein Nano-Aquarium ist für eine solche Jungfischschar viel zu klein.

- **Beschreibung:** Der Körper ist hell bräunlich und hat eine feine schimmernde Zeichnung, die bei den Männchen stärker ausgeprägt ist. Die Männchen werden mit 6 cm deutlich größer als die etwa 4 cm großen Weibchen und wirken insgesamt bulliger, während die Weibchen schlanker erscheinen. Ablaichbereite Weibchen zeigen einen leicht gelblichen Bauch.
- **Vorkommen:** Schneckenbuntbarsche kommen aus dem ostafrikanischen Tanganjikasee und bewohnen dort sandige Bereiche. Als Versteck und Ablaichplatz nutzen sie leere Schneckengehäuse.
- **Pflege:** Das Aquarium wird mit hellem, feinem Sand und vielen Schneckenhäusern in Größe von Weinbergschneckenhäusern eingerichtet. Da die Fische sich vor allem am Boden aufhalten, bevorzugen sie flachere Aquarien. Auf Steinen kann man Javafarn oder *Anubias* festbinden. Die Filterung sollte gut, aber nicht zu kräftig sein. Aufgrund der wenigen Pflanzen ist ein regelmäßiger Wasserwechsel dringend angeraten. Die Temperatur sollte um 25 °C liegen. Das Wasser ist mittelhart bis hart bei einem pH-Wert um 8. Gefüttert wird mit Lebend-, Frost- und Flockenfutter.
- **Zucht:** Die Paare laichen in Schneckenhäusern ab, die das Männchen vorher im Sand eingegraben hat, sodass nur noch die Öffnung herausschaut. Das Weibchen ist so klein, dass es in das Schneckenhaus passt, während das Männchen bei der Paarung den Samen von außen hineinfächelt. Haben die Fische abgelaicht, hält sich das Weibchen meist im Schneckenhaus auf und das Männchen bewacht das Revier. Nach etwa zwei Wochen verlassen die kleinen Buntbarsche mit einer Größe von etwa 6 mm das Schneckenhaus und können direkt mit *Artemia* gefüttert werden. Die Eltern führen die bis zu 40 Jungen nicht wie andere Zwergbuntbarsche. Die Kleinen halten sich in der Nähe der Eltern auf, sind mit gut vier Monaten geschlechtsreif und mit einem Dreivierteljahr ausgewachsen.

▲ **Gebänderte Schneckenbuntbarsche** *laichen in Schneckenhäusern ab.*

Garnelen

Die Nano-Aquaristik hat durch die Wirbellosen, insbesondere die Zwerggarnelen, die letzten Jahre über einen regelrechten Boom erlebt. Waren es anfangs nur wenige kleine Zwerggarnelenarten wie etwa die Bienen-Zwerggarnele, so kamen bald kleine Krebsarten der Gattung *Cambarellus* hinzu.

Krebse und Garnelen müssen eiweißarm ernährt werden, da ein zu kräftiges Futter die Häutung stark anregt. Somit kommt es zu tödlich verlaufenden vorzeitigen Häutungen.

Sehr gut hat es sich bewährt, den Aquarienfilter in einem Eimer mit Aquarienwasser auszuwaschen und Teile des sich absetzenden Schlamms wieder ins Aquarium zu geben. Bei dem Schlamm handelt es sich nicht um reinen Fisch- oder Garnelenkot, sondern um sich zersetzendes organisches Material, Kleintiere und Mikroorganismen, Detritus genannt. Beim Verfüttern wird man merken, dass sich die kleinen Garnelen wie eine wilde Meute darauf stürzen.

Zu den Gattungen *Caridina* und *Neocaridina* werden die meisten der derzeit im Handel erhältlichen Zwerggarnelenarten gezählt. Besonders ihre Eigenschaft, fleißig Algen zu fressen, hat sie beliebt gemacht. Inzwischen kann man einige farbenprächtige Arten und Zuchtformen bekommen.

TIPP

Um beim Ausspülen der Filtermatten keine Junggarnelen zu verlieren, kann man den Schwamm auch direkt im Aquarium ausdrücken.

▾ **Die Tiger-Zwerggarnele** *ist eine beim Autor zuerst aufgetretene Mutation der Bienengarnele.*

Bienen-Zwerggarnele
Caridina cf. *cantonensis*

ÄHNLICHE GARNELEN

Die Crystal-Red-Zwerggarnele ist eine Zuchtform der Bienen-Zwerggarnele. Auch die Tiger-Zwerggarnele gehört zu ihrem Formenkreis. Von ihr gibt es blaue, rote und schwarze Zuchtformen. Sie sollte in etwas härterem Wasser bei einem pH-Wert von knapp über 7 gepflegt werden. Die Hummel-Zwerggarnele, *Caridina* cf. *breviata*, und einige ähnlich aussehende Arten werden wie die Bienen-Zwerggarnele gehalten.

▲ ***Oben*** *ein Bienengarnelen-Männchen,* ***unten*** *ein Crystal-Red-Weibchen (eine Zuchtform der Bienengarnele).*

- **Beschreibung:** Die Bienen-Zwerggarnele ist sehr variabel gezeichnet. Die Körpergrundfarbe ist orangegelb, wobei Schwanzfächer und Kopfbereich am intensivsten gefärbt sind. Der Körper ist mit unregelmäßigen schwarzen Streifen beziehungsweise Flecken überzogen, deren Umfang stark schwankt. Bienen-Zwerggarnelen weisen häufig weiße Pigmentstellen auf. Durch gezielte Zuchtauslese wurden verschiedene Zeichnungsmuster über Generationen hinweg verstärkt oder verdrängt. So gibt es sehr dunkel gefärbte Tiere, Tiere mit viel Weiß und Garnelen mit gleichmäßiger Streifenzeichnung. Die Weibchen werden 25 mm groß, die Männchen bleiben etwas kleiner. Werden die Weibchen geschlechtsreif, ist ihr Hinterleib tiefer nach unten ausgezogen und rundlich, um die an den Schwimmbeinen hängenden Eier zu schützen.
- **Vorkommen:** Bienen-Zwerggarnelen kommen in einem kleinen Bach in Hongkong vor, den nur wenige Menschen kennen. Daher sind eine Biotopbeschreibung und die Wasserwerte nicht bekannt.
- **Pflege:** Da sich die Garnelen kaum schwimmend fortbewegen, sollte das Aquarium mit Pflanzen und Holz strukturiert sein. Insbesondere verschiedene Moosarten eignen sich sehr gut für die Einrichtung eines Bienen-Zwerggarnelen-Beckens. Außerdem sollte sich etwas Herbstlaub von Eiche oder Buche im Aquarium befinden, das die Garnelen mit der Zeit auffressen werden. Die Wassertemperatur kann zwischen 15 und 26 °C liegen, und das Wasser sollte weich bis mittelhart sein. Ein pH-Wert um 6,5 ist ideal. Gefüttert wird mit herkömmlichem Flocken- oder Granulatfutter, das einen hohen pflanzlichen Anteil haben sollte. Die Farbe von Garnelen kann durch verschiedene Flocken- beziehungsweise Granulatfuttersorten, die mit Karotinoiden angereichert sind, verstärkt werden. Überbrühter Spinat oder gelegentlich Frostfutter werden auch angenommen.

Bienen-Zwerggarnelen reagieren schon auf die geringste Menge Kupfer im Wasser sehr empfindlich, worauf Sie beim Wasserwechsel achten müssen. Eine Vergesellschaftung der Bienen-Zwerggarnelen mit Harnischwelsen ist gut möglich. Kleinere Bärblinge oder kleine Salmler sowie Zwergpanzerwelse kommen ebenfalls infrage. Mit anderen Zwerggarnelen sollte man sie nicht halten, da sie sich mit Artverwandten kreuzen. Werden zwei verschiedene Arten in einem Aquarium gehalten, setzt sich eine der beiden durch, so dass die andere mit der Zeit verschwindet.

- **Zucht:** Aus den etwa 1,5 mm großen Eiern schlüpfen nach drei bis vier Wochen, in denen sie vom Weibchen an den Schwimmbeinen getragen wurden, 20–50 fertig entwickelte Junggarnelen. Die Entwicklungsdauer der Garnelen in den Eiern hängt stark von der Wassertemperatur ab, wobei die Weibchen bei mir unter 20 °C und über 26 °C normalerweise keine Eier tragen. Die kleinen Garnelen sind etwa 2 mm groß und leicht mit feinstem Futter aufzuziehen. In alteingerichteten Aquarien finden sie meist so viel Futter, dass nicht zugefüttert werden muss. Junggarnelen können in Gesellschaft ihrer Eltern bleiben. Bei Temperaturen um 25 °C sind sie nach drei bis vier Monaten 2 cm groß und geschlechtsreif. Wenn alles gut läuft, tragen die Weibchen etwa alle vier bis sechs Wochen Eier. Je älter das Weibchen ist, umso seltener geschieht das, da die Paarung nach der Häutung stattfindet und ältere Tiere sich seltener häuten. Dafür tragen große Weibchen mehr Eier als kleinere.

▼ ***Bienengarnelen-Weibchen*** *mit Eiern, aus denen später fertig entwickelte Jungtiere schlüpfen.*

Fire-Zwerggarnele

Neocaridina heteropoda „Red"

▼ **Nur die Weibchen** der Fire-Zwerggarnele sind kräftig rot gefärbt.

ÄHNLICHE ARTEN

Die Gelbe, die Marmor- und die Weißperlen-Zwerggarnele sowie ihre blaue Zuchtform Bluepearl-Zwerggarnele werden wie die Fire-Zwerggarnele gehalten.

- **Beschreibung:** Die deutschen Handelsnamen „Fire-Zwerggarnele" (Feuer-Zwerggarnele) beziehungsweise „Red-Cherry-Zwerggarnele" (Rote Kirschen-Zwerggarnele) beziehen sich auf die feurig rote Körperzeichnung, die so intensiv sein kann wie bei der „Crystal-Red-Zwerggarnele" (Kristallrote Zwerggarnele). Das „Red" bedeutet „rote Variante", denn die normale Form dieser Art ist gräulich braun mit leichter Musterung. Bei dieser Farbform ist zu beobachten, dass nur die Weibchen kräftig rot werden und die Männchen sehr blass aussehen. Allerdings hat das auch einen Vorteil, denn so kann man die Geschlechter dieser als Weibchen bis zu 25 mm groß werdenden Garnelen gut unterscheiden.
- **Vorkommen:** Taiwan.
- **Pflege:** Gern klettern die Garnelen auf feinen Pflanzen herum, und dunkler Bodengrund stellt einen schönen Kontrast dar. Sowohl hartes als auch weiches Wasser bei pH-Werten um 7 werden geduldet und die Vermehrung gelingt, wenn die Werte nicht zu extrem sind. Temperaturen von 10 bis 30 °C werden verkraftet. Lediglich Schwermetalle wie Kupfer und Fressfeinde scheinen dieser Art etwas anhaben zu können. Das ideale Futter sind Algen, ob in Form von *Spirulina*-Tabletten oder lebenden Grünalgen. Und ein veralgter Stein aus einem anderen Aquarium ist ein Anziehungspunkt für die gesamte Population.
- **Zucht:** Fire-Zwerggarnelen-Weibchen tragen je nach Größe 20 bis 40 etwa 1 mm große Eier unter dem Hinterleib. Die Jungtiere schlüpfen bei etwa 25 °C nach rund vier Wochen und sind dann knapp 2 mm groß. Trotz der geringen Größe müssen die kleinen Zwerggarnelen nicht herausgefangen beziehungsweise gesondert gefüttert werden. Die Alttiere stellen ihren Kindern nicht nach, und in einem schon längere Zeit eingerichteten Aquarium mit Mulm am Boden, Javamoos und Algen finden sie genügend Futter, um innerhalb von drei Monaten bereits geschlechtsreif zu werden.

Krebse sind untereinander soweit verträglich, dass die Haltung einer kleinen Gruppe mit Jungtieren möglich ist. Dazu sollte das Aquarium mit vielen Pflanzen und Höhlen strukturiert sein. Eine Bodenschicht aus getrocknetem Buchenlaub und Mulm trägt sehr zum Wohlbefinden der Krebschen bei. Den Mulm kann man beim Reinigen eingefahrener Filter gewinnen, indem man das Filtermaterial im Aquarium ausdrückt. Wenn der Bodengrund im Aquarium nicht zu grob ist, bleibt der Mulm darauf liegen und insbesondere die Baby-Krebse finden in ihm reichlich Nahrung.

▲ **Der Orangefarbene Zwergkrebs** *wird auch kurz als CPO bezeichnet. Hier ein Eier tragendes Weibchen.*

Orangefarbener Zwergkrebs
Cambarellus patzcuarensis „Orange"

- **Beschreibung:** Der Orangefarbene Zwergkrebs oder kurz CPO (steht für *Cambarellus patzcuarensis* „Orange") ist die Zuchtform einer graubraun gefärbten Stammform. Die Tiere werden etwa 4 cm groß, wobei die Weibchen breiter und größer sind. Die Männchen sind an den beiden Begattungsgriffel-Paaren (Gonopoden) zu erkennen.
- **Vorkommen:** *Cambarellus patzcuarensis* kommt ausschließlich im Lago de Pátzcuaro (Bundesstaat Michoacán/Mexiko) vor. Die Leitfähigkeit des Sees beträgt übers Jahr gemittelt etwa 800 µS/cm, wobei der pH-Wert über 7 liegt und die Gesamthärte zwischen

12,5 und 18 °dGH schwankt. Die Jahreswassertemperaturen reichen von 15 bis 25 °C.

▸ **Pflege:** Vom Heimatbiotop kann man die Werte fürs heimische Aquarium ableiten, das heißt, das Wasser sollte mittelhart bis hart bei einem pH-Wert über 7 sein. Die Haltung und Zucht ist in weichem Wasser mit niedrigem pH-Wert nicht möglich. Bei höheren Temperaturen ab 22 °C sollte darauf geachtet werden, dass die Aquarien gut belüftet sind, um den Sauerstoffgehalt hoch zu halten. Durch regelmäßige, nicht zu extreme Wasserwechsel muss die Wasserbelastung durch Stickstoffverbindungen (Nitrat/Nitrit) möglichst niedrig gehalten werden. Das Aquarium sollte gut strukturiert sein, um reichlich Kletter- und Versteckmöglichkeiten zu bieten. Dann können zwei Männchen mit bis zu vier Weibchen und deren Jungtieren gemeinsam gehalten werden.

ÄHNLICHE ARTEN

Cambarellus montezumae wird knapp 5 cm groß und ist etwas aggressiver als *Cambarellus patzcuarensis.*

▸ **Zucht:** Eine Vermehrung erfolgt nur bei passenden Wasserwerten (siehe Pflege). Große Weibchen können bis zu 60 Eier tragen, wobei meist nicht alle Jungtiere erwachsen werden. Wichtig für eine Aufzucht zusammen mit den Eltern scheinen eine Buchenlaubschicht und Mulm am Boden zu sein, in denen sich die Kleinen aufhalten und Nahrung finden können. Die Weibchen benötigen ausreichend kleine Höhlen, in die sie sich zurückziehen können, während sie die Eier am Körper tragen.

Bemerkungen: Da die Krebse mit 4 cm für *Cambarellus* relativ groß werden, sollten sie im Artbecken gehalten werden. In Nano-Aquarien verbietet sich die Vergesellschaftung mit Zwerggarnelen, da sie als Futter angesehen werden. Zwei Männchen und vier Weibchen sind die Obergrenze für ein 30-l-Aquarium.

▾ **Orangefarbene Zwergkrebse** *bei der Paarung.*

GUT ZU WISSEN

Eine Schneckenüberbevölkerung ist die biologische Antwort auf Überfütterung. Die Bekämpfung der Schnecken darf auf keinen Fall mit chemischen Mitteln erfolgen, da das Absammeln und eine eingeschränkte Fütterung wesentlich schonender für die Mitbewohner sind. Im Handel gibt es Schneckenfallen, bei denen man jedoch aufpassen muss, dass keine Fische oder andere Tiere hineingeraten.

Schnecken, früher oft als unerwünschte Aquarienbewohner angesehen, finden inzwischen ihre Liebhaber, denn es gibt verschiedene Arten mit interessanter Färbung, Zeichnung und Gehäuseform. Posthorn-, Blasen- und Turmdeckelschnecken vermehren sich vor allem dann stark, wenn Sie mehr Futter reichen als Fische und Wirbellose fressen können. Achten Sie also auf die richtige Menge, wenn Sie eine Überbevölkerung vermeiden wollen.

Posthornschnecke
Planorbarius corneus

Posthornschnecken werden meist bis zu 1,5 cm groß, sind flach und sehen aus wie ein Posthorn. Sie sind meist bräunlich, aber es gibt auch rötliche Zuchtformen. Die Schnecken ernähren sich von Algen und Futterresten. Ebenso fressen sie kleinen Fischlaich. Die Eier kleben sie in einem flachen Gelege an Scheiben und Einrichtungsgegenstande.

▲ **Blasenschnecken** *besitzen ein spitz zulaufendes Gehäuse.*

Blasenschnecke
Physella acuta

Blasenschnecken bleiben etwas kleiner als Posthornschnecken, sind bräunlich und haben ein gedrehtes, spitz zulaufendes Gehäuse. Ihre Gelege sind glibberig. Sie ernähren sich wie Posthornschnecken.

Turmdeckelschnecke
Melanoides tuberculatus

Turmdeckelschnecken leben im Gegensatz zu den oben genannten beiden Arten vornehmlich im Aquarienboden. Sie haben ein gedrehtes, sehr spitz zulaufendes Gehäuse und sind hellbraun gefärbt. Ihren Namen haben sie bekommen, weil sie ihr Gehäuse mit einem Deckel fest verschließen können. Diese Schnecken sind lebendgebärend. Sie ernähren sich von abgestorbenen Pflanzen und Futterresten und lockern durch ihre Grabaktivitäten den Bodengrund auf. Sie erfüllen damit im Aquarium mit dem Fressen toter Pflanzenteile die gleiche Aufgabe wie der Regenwurm im Garten. Vermehren sie sich nicht massenhaft, sind es damit Nützlinge.

Rennschnecken

Die verschiedene Arten der Rennschnecken werden meist unter dem Gattungsnamen *Neritina* verkauft. Die gestreiften Arten werden sehr gern im Aquarium gehalten, da sie sowohl in weichem, saurem als auch in hartem, alkalischem Wasser gut zu halten und sehr gute Algenfresser sind.

Die kleinen, nur bis zu 2 cm groß werdenden *Clithon*-Arten besitzen eine variable Zeichnung und kleine Fortsätze auf dem Gehäuse, was ihnen den Namen „Teufelshörnchen" eingebracht hat.

TIPP

Von den bis zu 3 cm groß werdenden Rennschnecken-Arten sollte in einem Nano-Becken nur ein Exemplar gehalten werden.

Raubschnecke
Anentome helena

Raubschnecken werden nur bis zu 2 cm groß und sind quergestreift. Sie werden gehalten, da sie sich von anderen Schnecken und ihren Gelegen ernähren. Diese Art lediglich als Schneckenbekämpfer einzusetzen, ist jedoch nicht der richtige Ansatz. Findet die Schnecke keine anderen Schnecken als Futter mehr, nimmt sie ebenso Frostfutter an. Sie wurde sogar schon beim Fressen von Garnelen beobachtet. Eine Zucht im Aquarium ist gut möglich.

◂ ***Die genaue Artbestimmung*** *ist bei Rennschnecken schwierig.*

▾ ***Eine Gestreifte Raubschnecke*** *überfällt eine Posthornschnecke.*

Serv

Service

Hier finden Sie Adressen, Links und Publikationen rund um die Nano-Aquaristik.

Literatur

Neben den inzwischen in den einschlägigen Aquaristikmagazinen erschienenen Artikeln über Nano-Aquaristik gibt es einige Bücher zum weiteren Lesen, die nachfolgend aufgeführt sind.

Nano-Aquaristik

- Quante, K. (2010): *Nano-Aquaristik. Praxis, Tipps und Tiere für kleine Aquarien.* Verlag Eugen Ulmer, Stuttgart.
- Geck, J., & U. Schliewen (2008): *Nano-Aquarien.* Gräfe und Unzer, München. Kompakt werden auf knapp 60 Seiten reich bebildert die wesentlichen Aspekte der Nano-Aquaristik beleuchtet.
- Klingbeil, B. (2009): *Nano-Süßwasseraquarien.* Natur und Tier - Verlag, Münster. Das Buch liefert einen nano-aquaristischen Rundumschlag.
- Lukhaup, C., & R. Pekny (Hrsg.) (2008): *Nano-Fibel.* Dähne Verlag, Ettlingen. Das Buch beschäftigt sich auf über der Hälfte der Seiten mit Krebsen, Garnelen und Schnecken und nur auf wenigen Seiten mit Fischen. Daher ist es eher für Anfänger in der Nano-Aquaristik geeignet, deren Hauptinteresse Wirbellosen gilt.

Tiere und Pflanzen

- Quante, K. (2008): *Garnelen und Krebse im Aquarium.* Verlag Eugen Ulmer, Stuttgart. Ergänzend zu dem vorliegenden Buch werden mehr Garnelen und Krebse für kleine Aquarien vorgestellt.
- Kasselmann, C. (2009): *Taschenatlas Aquarienpflanzen.* Verlag Eugen Ulmer, Stuttgart. Es werden 200 Pflanzen in Wort und Bild beschrieben und es wird ein praxisbezogener Überblick über die beliebtesten und wüchsigsten Aquarienpflanzen gegeben.

Internet

Aufgrund der Schnelllebigkeit des Mediums Internet beschränke ich mich auf wenige Hinweise, die jedoch mit ihren Linklisten Ausgangspunkt für weitere Seiten sind.

- **www.aquaristik-consulting.de**
  Auf meiner eigenen aquaristischen Internetseite stelle ich meine Erfahrungen aus Jahrzehnten der Aquaristik vor und gebe weitere Tipps zur Haltung und Zucht vieler Tiere, unter denen sich auch viele für Nano-Aquarien geeignete befinden.

- **www.aquarienclub.de**
  Die Seite des Aquarienclub Braunschweig e.V. bietet mit dem Online-Vereinsmagazin Fishlight eine Fülle von aquaristischen Artikeln (auch zum Thema Nano-Aquaristik) sowie ein Aquarienfisch-Lexikon.
- **www.aquarium-guide.de**
  Auf sehr ansprechende Weise stellt Roland Selzer auf seinen Seiten viele Tiere, Pflanzen und Technik vor. Außerdem gibt es ein Magazin und ein Lexikon für Fachbegriffe.
- **www.aquariummagazin.de**
  Das Online-Aquarium-Magazin (OAM) bietet monatlich kostenlos eine Vielzahl von Artikeln zum Download an.
- **www.forumnanoaquaristik.de**
  Im Internetforum für Nanoaquaristik tauschen sich Einsteiger und Spezialisten aus und stellen Tiere und Pflanzen im Porträt vor.
- **www.minifische.de**
  Systematisch gruppiert stellt Gerald Gantschnigg auf seiner Seite viele Fischarten für Nano-Aquarien vor und verweist auf weiterführende Seiten.
- **www.tuempeln.de**
  Die Seiten von Christian Westhäuser beschäftigen sich vornehmlich mit dem Fang und der Zucht von Lebendfutter.
- **www.weichwasserfische.de**
  Auf der Seite von Michael Schlüter werden viele auch für Nano-Aquarien geeignete kleine Weichwasserfische vorgestellt und viele Infos zur Aquaristik gegeben.
- **www.wirbellose.de**
  Die Internetseite über wirbellose Tiere des Süßwassers bietet neben einer umfangreichen Artendatenbank, vielen Erfahrungsberichten und Kleinanzeigen eine Mailingliste für Wirbellosen-Verrückte. Außerdem können Sie auf dieser Internet-Seite auch den Kontakt zur „VDA-Arbeitsgemeinschaft Wirbellose Tiere der Binnengewässer“ herstellen.

Vereine

Der **Verband Deutscher Vereine für Aquarien- und Terrarienkunde e. V.** (VDA, **www.vda-online.de**) stellt über seine Vereine und Arbeitskreise Aquarianern ein umfassendes Angebot zur Verfügung. Ein für die Freunde von Wirbellosen interessanter Arbeitskreis ist die „VDA-Arbeitsgemeinschaft Wirbellose Tiere der Binnengewässer“. Vielleicht finden Sie auch in Ihrem örtlichen Aquarienverein Nano-Aquaristik-Interessierte.

Glossar

Adsorptionsfilter: Filter, an dessen Oberfläche Stoffe gebunden werden, wie es zum Beispiel bei der Aktivkohle der Fall ist.

Aerober Abbau: Mikrobiologischer Abbauprozess unter Sauerstoffnutzung.

Aktivkohle: Poröse Kohle, die in Adsorptionsfiltern eingesetzt wird.

alkalisch: Siehe basisch.

Ammoniak: Chemische Verbindung aus einem Stickstoff- und drei Wasserstoffatomen.

Ammonium: Chemische Verbindung aus einem Stickstoff- und vier Wasserstoffatomen.

Aquascaping: Verkleinerte Abbildung der Unterwasserwelt und anderer Vorbilder.

Barteln: Fadenförmige Organe im Maulbereich mit Geschmacksknospen und Tastkörperchen.

basisch: Eine basische Lösung hat einen pH-Wert über 7 (wird auch als alkalisch bezeichnet).

Begattungsgriffel: Siehe Gonopoden.

Brackwasser: Brackwasser weist in der Regel eine Salzkonzentration von 10–20 g/l auf.

CO_2: Kohlenstoffdioxid aus einem Kohlenstoff- und zwei Sauerstoffatomen.

Detritus: Lateinisch „Abfall"; abgestorbenes Pflanzen- und Tiermaterial, das durch Bakterien, Pilze und kleine Tiere zersetzt wird.

Deutsche Gesamthärte: Summe aus temporärer und permanenter Wasserhärte, gemessen in °dGH.

Emers: Außerhalb des Wassers.

Gonopoden: Zu hakenförmigen Begattungsorganen umgebildete Schwimmbeine bei Krebsen.

Herbivore: Tiere, die sich ausschließlich pflanzlich ernähren.

Huminstoffe: Abbauprodukte von Holz, Blättern und Pflanzenresten, die das Wasser im Aquarium braun färben.

Ion: Elektrisch geladenes Atom oder Molekül.

Kalziumkarbonat: Chemische Verbindung aus Kalzium, Kohlenstoff und Sauerstoff.

Karbonate: Chemische Verbindungen mit Kohlenstoff und Sauerstoff.

Karbonathärte: Temporäre Härte wird durch Karbonate hervorgerufen, Verbindungen aus einem Kohlenstoff- und drei Sauerstoffatomen mit einem Erdalkalimetall.

Karnivore: Tiere, die sich ausschließlich von Fleisch ernähren.

Kilo-Joule: Standard-Maßeinheit für Energie.

Kohlendioxid: CO_2.

Kohlenstoff: Chemisches Element mit dem Symbol C, das die Basis der organischen Verbindungen darstellt.

Mutation: Spontane Veränderung des Erbguts, die zum Beispiel bei der Zucht von Tieren durch das Auftauchen neuer Farbvarianten auffällt.

Nitrat: Endprodukt des Sauerstoff verbrauchenden Filterungsprozesses, das aus einem Stickstoffatom und drei Sauerstoffatomen besteht.

Nitrit: Giftiges Zwischenprodukt des Sauerstoff verbrauchenden Filterungsprozesses, bestehend aus einem Stickstoffatom und zwei Sauerstoffatomen.

Nitrifikation: Bakterielle Oxidation von Ammoniak beziehungsweise Ammonium zu Nitrat.

ökologische Nische: Der Platz, den eine Art aufgrund ihrer Lebensweise innerhalb eines Ökosystems einnimmt.

Omnivore: Allesfresser, der eine gemischte Ernährung aus Pflanzlichem und Tierischem bevorzugt.

Oxidation: Entstehen einer chemischen Verbindung unter Abgabe von Elektronen, beispielsweise mit Sauerstoff.

phototaktisch: Zum Licht orientiert.

pH-Wert: Maß für die Stärke der sauren beziehungsweise basischen Wirkung einer wässrigen Lösung.

Phytoplankton: Pflanzliches Plankton, vornehmlich aus Algen bestehend.

Plankton: Frei im Wasser treibende und schwebende Organismen.

Rhizom: Unterirdisch oder dicht über dem Boden wachsendes Sprossachsensystem.

sauer: Eine Lösung mit einem pH-Wert unter 7 wird als sauer bezeichnet.

Sauerstoff: Chemisches Element mit dem Symbol O.

Schwermetalle: Bestimmte giftige Metalle.

Stickstoff: Chemisches Element mit dem Symbol N.

Submers: Unter Wasser.

Sulfate: Chemische Verbindungen mit Schwefel und Sauerstoff.

Superfötation: Über mehrere Tage hinweg werden immer nur ein bis zwei Junge pro Tag geboren.

temporäre Härte: Siehe Karbonathärte.

Tümpelfutter: Futtertiere, die man selbst in der Natur in Wasseransammlungen fangen kann.

UV-Klärer: Geschlossenes Rohr, durch das Aquarienwasser gepumpt wird. In ihm werden mit ultraviolettem Licht Bakterien und Keime abgetötet.

Wärmekapazität: Vermögen eines Stoffs, thermische Energie (= Wärme) zu speichern.

Wasserhärte: Konzentration der im Wasser gelösten Ionen der Erdalkalimetalle.

Wassermolekül: H_2O (chemische Verbindung aus einem Sauerstoff- und zwei Wasserstoffatomen).

Wasserstoff: Chemisches Element mit dem Symbol H.

Wirbellose: Tiere ohne eine Wirbelsäule.

Register

Bildquellen

Fotos

Arco Images / Diez, O.: Titelfoto, S. 4, 14, 26
Dennerle GmbH: S. 9, 10, 15, 16, 18 unten, 22, 27, 28
Merino, J. C.: S. 45
Alle übrigen Fotos stammen vom Autor.

Zeichnungen

Gehring, O.: S. 37, 38
Alle übrigen Zeichnungen wurden von Helmuth Flubacher, Waiblingen, nach Vorlagen des Autors angefertigt.

Verlag und Autor bedanken sich bei der Firma Dennerle für die freundliche Genehmigung, die oben genannten Abbildungen in diesem Buch verwenden zu dürfen.

Haftung
Die in diesem Buch enthaltenen Empfehlungen und Angaben wurden vom Autor mit großer Sorgfalt zusammengestellt und geprüft. Der Tierhalter sollte jedoch bedenken, dass er in eigener Verantwortung handelt. Der Autor und der Verlag übernehmen keinerlei Haftung für Schäden und Unfälle.

Bibliografische Information der Deutschen Nationalbibliothek
Die Deutsche Nationalbibliothek verzeichnet diese Publikation in der Deutschen Nationalbibliografie; detaillierte bibliografische Daten sind im Internet über http://dnb.d-nb.de abrufbar.

Wollgrasweg 41
70599 Stuttgart (Hohenheim)
E-Mail: info@ulmer.de
Internet: www.ulmer.de
Umschlagentwurf, Innenlayout und dtp: Sojus Design / Kai Twelbeck, Stuttgart
Repro: Michael Kokoscha, Oberhausen
Druck und Bindung: Westermann Druck, Zwickau
Printed in Germany

ISBN 978-3-8001-6966-5

Aquarienträume werden wahr!

In spannenden und informativen Kapiteln beleuchtet dieses Buch alle Aspekte der Krebs- und Garnelen-Aquaristik. Im Mittelpunkt dabei steht die anwendbare Praxis. Neben theoretischem Hintergrundwissen, das für jeden Aquarianer notwendig ist, gibt der Autor viele hilfreiche Praxis-Tipps.

Garnelen und Krebse.

Im Aquarium. K. Quante. 2008. 96 S., 76 Farbf., 5 Zeichn., kart. ISBN 978-3-8001-5558-3.

Das Buch gibt eine Fülle an praktischen Tipps zur Einrichtung und optimalen Pflege eines Nano-Aquariums. Es stellt anhand von Beispielaquarien von 20 bis 30 Litern Inhalt geeignete, ausgewählte Pflanzen, Fische und Wirbellose mit Informationen zu ihrer Haltung und Zucht vor.

Nano-Aquaristik.

Praxis, Tipps und Tiere für kleine Aquarien. K. Quante. 2010. 96 S., 82 Farbf., 7 Zeichn., kart. ISBN 978-3-8001-5983-3.

Ulmer www.ulmer.de